物理学者のいた街2

ほかほかのパン

太田浩一

東京大学出版会

Warm like a Loaf of Bread :
The Physicist Lived Here, Volume 2
Koichi OHTA
University of Tokyo Press, 2008
ISBN978-4-13-063603-2

歩きやすい靴をはいて

アムステル川がアムステルダムの中心に流れ込み、急に曲がる場所はワーテルロー広場になっている。かつてのフローンブルフだ。ユダヤ人ゲットーがあったこの場所で、古い建物が多数取り壊され、まわりの風景にとけ込んでいるとは言えない現代建築のストペラが建てられた。ストペラはスタトハイスとオペラの合成語で、市庁舎と、ネーデルラント・オペラ、国立バレーなどからなるミュジークテアテル（音楽劇場）の複合施設の名称だが、建設反対運動の合い言葉「ストップ・オペラ」でもあった。ただ一つの記念碑がアムステル川と運河ズワネンブルフワルの角に立っている。「一九四〇―一九四五年に起きたユダヤ人市民の抵抗を記念して」と刻まれている。バルーフ・デ・スピノザの生家はこのあたりにあったのだろう。

アムステル川をさかのぼるとアムステルダムに隣接する小さな村アウデルケルク・アーン・デ・アムステルに出る。ユダヤ教会から破門されたスピノザがしばらく身を寄せた村だ。アムステルダムでぼくが住んだアパートは町の南端にあった。しばしば訪れた友人のアパートはさらに南のアムステルフェーンにあったのでアウデルケルク周辺は散歩コース

だった。アウデルケルクには一六一四年につくられたポルトガル系ユダヤ人のための墓地がある。スピノザの父は一六五四年に亡くなった。二十一歳のスピノザは船でアムステル川をさかのぼって父の遺体を運びこの墓地に埋葬したのだろう。風雪にさらされた父の墓碑はほとんど読めなくなっている。碑面にくっつきそうになるほど顔を近づけ、目を皿のようにして、わずかにＩＮＯＺだけを読むことができた。少し離れた場所にある母の墓碑はまだ明瞭に読むことができる。

清水禮子さんはスピノザを研究し始めた動機を「初めて『エチカ』を読んだ時、叫ぶことなく嘆くことなく、良く言えば淡々と、悪く言えば無表情に彼が言葉を連ねて行くのに驚いたからである。この冷たさは尋常ではないと思い、逆に、スピノザの中に普通の人間の当り前の嘆きや表情を探し出したいという妙な方向の望みを持ってしまったからである」と書いている（『破門の哲学―スピノザの生涯と思想―』、みすず書房）。物理や数学を勉強していると誰もが同じような気持ちを抱く。『エティカ』はエウクレイデス（ユークリッド）の『原論』の形式で書かれている。スピノザは物理学者、数学者でもあったのだ。先に触れたアムステルフェーンの友人は、離婚後、新聞広告でパートナーを探した。その中に「私の悩みをやさしく聞いてくれる人募集。ただし物理学者だけはだめよ」という広告を見つけた。その広告を見せてもらったとき複雑な気持ちになった。物理学者は血も涙もない人間と思われているのだろう。本シリーズの目的は、名前でしか知らない遠い存在の物理学者や数学者を、血も涙もある友人のように、身近に感じられるようにするこ

とである。生家や墓所を訪ねるのはそのためだ。
清水禮子さんは、デン・ハーフのスピノザ墓所を訪れたとき、スピノザの遺骨がなくなっていることを知って、「空の墓の前で神妙な時を過しては満足していた口惜しさも手伝って、もう少しで私は、自分に残された生涯の凡てをスピノザの遺骨の行方を探すために使おうと固く決心する」までに悲憤慷慨している。清水禮子さんの歯切れのよい文章をふたたび引用しよう。「私たちが誰かに興味を抱いたり、その著作に夢中になったりするのは、その人物が欠点のない上等な人間であるからではなく、書物が立派なことを緻密に語るからではない。彼の一寸した言動の中に、一寸した言い回しの中に、日常的感覚的なレヴェルで自分と同質なものを何か認めるからである。自分にも覚えのある喜怒哀楽の断片を見出すからである。未知の人の中に、未知の書物の中に、自分と同質の普通人の気配を感じると、私たちはホッとする。そして、この安心感を通路として、その人物、その書物の内側に入って行くことが出来る。相手の辿った人生の道をなぞってみる元気が湧いて来る。自分の身に引きつけて本を読む面白さも湧いて来る。」
本シリーズのような出版を引き受けてくれた東京大学出版会に深く感謝する。特に写真のレイアウトは困難な仕事で、担当の編集者丹内利香さんは作業中、鬼の形相で、編集部の誰も彼女に近づけなかったとのことである。
それでは読者の皆さん、まずは聖人の島アイルランドから物理の旅を始めようと思うが準備はいかがですか。歩きやすい靴をはいていますか？

Tempus inscript.	Num.	Nomen.	Confessio.
24 Oktober 1904	465	[illegible]	prot
	466	Thomas Rast	prot
	467	[illegible]	prot
	468	[illegible]	[illegible]
	469	[illegible]	prot
	470	[illegible]	[illegible]
	471	[illegible]	prot
	472	[illegible]	prot
	473	[illegible]	[illegible]
	474	[illegible]	[illegible]

ランダハシーで大渋滞

マッカラー
James MacCullagh

ストラバン

英語は苦手だ。だが、ただ一度だけ英語をほめられたことがある。ベルファストでのことだ。アイルランド英語を聞いていると、ぼくの英語もまんざらでもないと感じるから不思議だ。ダブリンがドゥブリンに聞こえる。バスがブスになるから、大和撫子の皆さま、誤解して柳眉を逆立てなさらないように。

ベルファストからブス、じゃない、バスでデリーに向かった。北アイルランドでは正式名称はロンドンデリーだがほとんどの道路標識で「ロンドン」の部分がかき消されている。かつてはデリーからストラバンまで鉄道があったが現在はブスしかない。ええと、バスしかない。デリーから三十分あまりでストラバンに着く。川向こうはアイルランド共和国だ。北アイルランド紛争の時代は第二次大戦後もっとも多くの爆弾が投げ込まれたという悲劇の町だ。道路沿いにユニオンジャックがはためいていたり、共和国の国旗が掲げられていたりする。ストラバンは、最近までは連合王国の中で失業率がもっとも高い町とも言われていた。

目的は、ストラバンの東南にある小村プラムブリッ

ランダハシー

ジのさらに先、ランダハシーに、数学者マッカラーの墓がある教区教会を訪ねることだ。日曜日のことでタクシーが見つかるか心配したが、町の中央で、閑そうな客待ちのタクシーが何台も並んでいた。乗車したタクシーの運転手は、人はよさそうだが、地図を見るのが苦手のようで、英語も方言丸出しである。途中で「ウィルソンの家」という標識を見かけた。米国大統領になったウィルソンの故地だと運転手は言っていた。道は車二台がやっとすれ違えるほどの幅で、ゆるやかな丘を、上ったり下りたり、一面の緑の中を走って行く。山に囲まれた美しい景色だ。あの緑の真ん中でねそべって青空でも眺めていたいものだ。プラムブリッジに着いた。道を訊くため、グレネリー川の橋のたもとにあるパブに立ち寄った。二人の女性が相談にのってくれた。教区教会は三マイル先にあるとわかった。マッカラー姓の家があるか訊ねたら「私もマッカラーよ。このあたりにかなりマッカラーがいますよ」とのことだ。知り合いの郷土史家が何か知っているかもしれないと電話で連絡してくれた。

セントパトリック教会

プラムブリッジから丘の中腹のグレネリーロードを東に進んだ。谷底にはグレネリー川が流れている。どうみても三マイルの倍は走ったところで教会に着いた。教会墓地は広く、この中からマッカラーの墓を探すのは無理だ、とあきらめかけたら、墓地に車が現れた。パブの女性が連絡した郷土史家がぼくたちを追いかけて来てくれたのだ。マイケル・マコーマックは立派な紳士で、「ここはあなたが探している教会ではないと思う」と言って、まず近くの自宅に寄り、どこかに電

マッカラー記念銘板（撮影：アラン・マクファーランド）

マッカラー墓碑

話してから、二台の車はグレネリーロードを西に向かって出発した。小さなセントパトリック教会はグレネリーロードから少し下りた場所にあった。教会の中にマッカラー記念銘板があった。マッカラー家の墓碑は墓所に立てかけられ、雑草におおわれていて、文字はほとんど読めなくなっている。マイケルはいきなり墓碑をひっくり返そうとするので、墓荒らしは生まれて初めてだが、大和魂で手伝うしかない。墓碑の裏はきれいで、明瞭に墓碑銘を読むことができた。両親とマ

教区学校廃墟

ッカラーと弟妹の名が刻んである。マイケルは来年までには墓を整備したいからそのときまた来るようにと招待してくれた。車に戻ったところで別の車がやってきた。マッカラーに詳しいロウズマリー・マーフィーをマイケルがプラムブリッジから呼んでくれたのだ。ロウズマリーは山ほどの資料をかかえて来た。

三台になった車の列はグレネリーロードをさらに西に戻って行った。タクシーの運転手は「コンヴォイのようだ」と大張り切りだ。マイケルが車を降りたのでみんなでその後に従った。道の両側は牧場の垣根が続くばかりだ。やがてマイケルが、とある場所で垣根をかきわけ始めた。「ほら」と言うので見ると木立におおわれた小さな廃屋があるではないか。これがマッカラーが通ったかつての教区学校だ。マイケルは地元でもこの旧校舎を知っている人はほとんどいないと言っていた。垣根をかきわけて踏み込んだら、腐った木材が砕けて足がめり込み、一張羅のズボンの膝にみごとなかぎ裂きができた。廃屋を出て裏の牧場に上ってみた。あこがれの緑の野原だ。だが、いきなり羊のふんを踏みつけた。よく見ると、あたりはでこぼこで、穴だらけで、羊のふんだらけである。とても寝転がるどころではない。「緑の真ん中でねそべって青空でも眺めていたい」というのは急いで願い下げだ。

再び動き出した三台の車は車一台しか通れない農道ランダハシーロードに入った。見ると目の前に何十匹もの羊が道をふさいでいる。突然現れた三台の車に、慌てたのか、道を譲ろうとしたのか、羊の群れが一目散に農道を走り出した。その後を三台の車ががたがた

逃げろや逃げろ！

ごとごと追いかけて行く。アイルランドで交通渋滞になるとは思ってもみなかった。ところどころで羊が逃げ道を見つけるのでやっと交通渋滞から逃れたところでマイケルが車を止めた。草が生い茂った廃墟がマッカラーの生家だ。グレネリー川を見下ろすれんが造りの家の一部がところどころに残っている。「イラクサに気をつけて」と注意されたのにさわってしまった。痛い。ロウズマリーが草をむしって指にまいてくれた。

廃墟の真ん中でマッカラーについて話の花を咲かせ

生家廃墟

ボタニーベイ旧居

た。二人ともマッカラーの伝記に詳しい。ジェイムズ・マッカラーは一八〇九年にこの農家に生まれた。十二世紀にさかのぼる文書を収めたダブリンの公文書館が一九二二年の内戦で燃やされ、教区の記録文書が失われたためにマッカラーの誕生月日はわからない。父は息子にさらに教育を受けさせるためにストラバンのミーティングハウス通りに引っ越した。マッカラーは一八二四年十五歳でダブリンのトリニティーカレッジに入学し、ほとんどすべての試験で最高点を得た。

一八二六年以降構内に住んだ。最初の住宅はボタニーベイ住宅十四番だった。一八二九年に卒業してフェロウの試験に臨んだが合格しなかった。まだ若すぎてたくさんのことをいっぺんに詰め込まなければならなかったためらしいが、数学の成績は合格者二名と同じだった。試験に失敗した後最初の論文を二編発表した。一八三一年にも試験を受けたがまた失敗した。というのも、試験官に最初の数学の問題の解答が間違っていると言われて後の問題に答えるのを拒否したからである。不合格と聞いてすぐに試験官に幾何学の定理を含む手紙を送ったが、ルイ・ポアンソーがすでに発表していたものだった。翌一八三二年にフェロウになり、一八三五年から一八四三年まで数学教授、その後亡くなるまで自然哲学・実験哲学教授だった。最後の三年間に住んだニュースクエア住宅四十番にはサミュエル・ベケットの銘板が取り付けてあるが、後にフィッジェラルドが住んだ住宅でもある。

アイルランド大飢饉の三年目、「暗黒の四七年」、一八四七年十月二十四日の日曜日に、最後の一か月だけ住んだフロントスクエア住宅十番で、マッカラーは喉を掻き切って自殺した。三十八歳だった。自殺の原因はわからないが、愛国者として、大飢饉による祖国の悲惨さに絶望していた。また、死の五年前にケンブリッジの数学者チャールズ・バベッジに「最近ぼくはひどく馬鹿になってしまい、やることはいつも失敗ばかりです。その理由はわかりません。ですが、ある年齢になったら数学はあきらめた方がよいというニュートンの意見にぼくも賛成したくなっています」と書いていた。遺体は鉄道で故郷に送られ埋葬された。

「ところで」とロウズマリーが言い出した。「私たちは数学も物理も知らないので、マッカラーがどんなことをしたのかわからないのだけれど、彼は重要な研究をしたの？　ここに一八三九年に彼が書いた論文のコピーを持ってきたけれど、数式ばかりでさっぱりわからないのよ。」よくぞ訊いて下さった。物理を教えるのは得意中の得意。でもないが、マッカラーが生まれた家で、二百年の時を超えて、アイルランド人二人を相手に、物理の講義をするはめになった。

現代の物理教科書でマッカラーの名に出会うことはほとんどない。どの教科書も取り上げる基本的な考え方を最初に思いついた物理学者の名は忘れられてしまうが、それとは知らずに恩恵を受けている。まれに「マッカラーの公式」と書いてある教科書に出会う。電荷を距離で割った量が電位である。たくさんの電荷がつくる電位はそれぞれの電荷がつくる電位を加えればよい。電荷の集合から十分離れた場所で電位を計算してみよう。もっとも大雑把に見積もれば、全電荷が

フロントスクエア旧居

一点に集中した電位になる。遠くから見れば何でも点に見える。実際は電荷は広がって分布しているので、球対称ではない電荷分布では補正項、双極子（微小距離だけ離した正負の電荷対）の電位が現れる。この補正項を与えるのが「マッカラーの公式」だ。マッカラーは楕円体の質量分布がつくる重力ポテンシャルを計算する公式を導いたのだが、電荷分布でもまったく同じである。マッカラーが亡くなる前年の講義録にその公式が記されている。

マッカラーはフェロウになる前の一八三〇年に発表した第二論文で、フレネール理論に基づいて、二軸結晶を通して見ると物体が二重の像になる複屈折を論じた。ハミルトンは一八三二年に同じフレネール理論に基づいて、二軸結晶の表面に入射した光が円錐状に屈折する「円錐屈折」を予言した。円錐屈折はすぐにハンフリー・ロイドによって実験的に確かめられセンセイションを巻き起こしたが、マッカラーは自分の論文に円錐屈折につながる定理を書いており、またその論文の査読者がハミルトンだっただけに悔しい思いをしたことだろう。また一八三五年には結晶による反射と屈折の論文を発表したが、フランツ・ノイマンが同じ内容でより完璧にした論文を発表したため、先取権はあるものの、またも失望を味わった。

マッカラーの研究の大部分は「光のエーテル」に関するものだ。エーテルというのはギリシャ語の「輝くもの」からきた言葉で、ギリシャ哲学では万物の根元をなす元素として地・水・空気・火を考えたが、アリ

ジェイムズ・マッカラー

パーラメントスクエア（すみの家がフロントスクエア旧居）

ストテレスが第五の元素として天空を満たすエーテルを加えた。水の波は水が伝え、音波は空気が伝える。光が波であるならそれを伝える物質が存在するはずではないか。エーテルはこの光を伝える物質の名として使われた。

マッカラーは一八三四年からフロントスクエア住宅七番に住んでいた。時代に先駆けたマッカラーの業績はロウズマリーが持ってきた一八三九年の論文である。エーテルは、地球が太陽のまわりを回転するときは、ほとんどその影響がない気体のような物質である。だが、光が横波であるとすると、それを伝えるエーテルは変形に対して復元力を持つ固体のような物質でなければならない。つまり、エーテルは、気体のような、固体のような、奇妙な物質ということになる。グリーンはエーテルの弾性体模型を考えたが、あまりにも一般的な模型だったので、初期に横波でも、反射や屈折において、縦波の成分が発生してしまった。これでは横波のみを仮定して導いたフレネールの公式を再現できない。マッカラーはグリーンの研究に刺激されて新

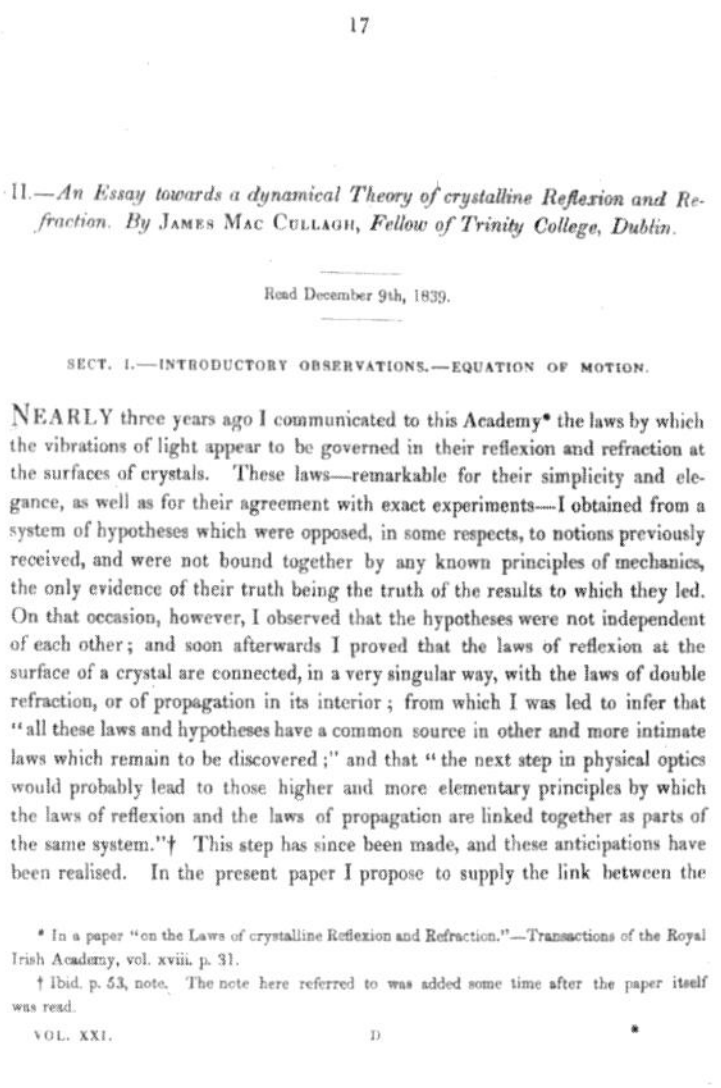

17

II.—*An Essay towards a dynamical Theory of crystalline Reflexion and Refraction. By* James Mac Cullagh, *Fellow of Trinity College, Dublin.*

Read December 9th, 1839.

SECT. I.—INTRODUCTORY OBSERVATIONS.—EQUATION OF MOTION.

NEARLY three years ago I communicated to this Academy* the laws by which the vibrations of light appear to be governed in their reflexion and refraction at the surfaces of crystals. These laws—remarkable for their simplicity and elegance, as well as for their agreement with exact experiments—I obtained from a system of hypotheses which were opposed, in some respects, to notions previously received, and were not bound together by any known principles of mechanics, the only evidence of their truth being the truth of the results to which they led. On that occasion, however, I observed that the hypotheses were not independent of each other; and soon afterwards I proved that the laws of reflexion at the surface of a crystal are connected, in a very singular way, with the laws of double refraction, or of propagation in its interior; from which I was led to infer that "all these laws and hypotheses have a common source in other and more intimate laws which remain to be discovered;" and that "the next step in physical optics would probably lead to those higher and more elementary principles by which the laws of reflexion and the laws of propagation are linked together as parts of the same system."† This step has since been made, and these anticipations have been realised. In the present paper I propose to supply the link between the

* In a paper "on the Laws of crystalline Reflexion and Refraction."—Transactions of the Royal Irish Academy, vol. xviii. p. 31.

† Ibid. p. 53, note. The note here referred to was added some time after the paper itself was read.

VOL. XXI. D

「結晶による反射と屈折の力学理論に向けた試論」

しいタイプのエーテルを考えた。普通の弾性体は変形に対して復元力を持つのに対し、マッカラーのエーテルは非圧縮性で、回転に対して復元力を持ち、回転にともなうポテンシャルエネルギーを持つ。「エーテルの変位」が満たすマッカラーの微分方程式では、グリーンと異なり、初期に変位が横向きであれば以後常に横向きになる。

この論文は同時代の人にはまったく理解されなかったが、四十年も後になって、フィッジェラルドはマッカラーの方程式がマクスウェル理論と同等であることに気づいた。マッカラーの方程式はマクスウェルの「ベクトルポテンシャル」が満たす方程式そのものである。エーテルの変位というのはベクトルポテンシャルだったのだ。エーテルの回転にともなう奇妙なポテンシャルエネルギーは磁場のエネルギーであり、エーテルの振動にともなう運動エネルギーは電場のエネルギーである。マッカラーの方程式に現れる定数 c は、まったくの偶然だが、現代の光速度である。また、回転密度がベクトル量であることに初めて気づいたのもマッカラーで、この論文に書いてある。

マッカラーが亡くなったときハミルトンはすぐに十四行詩を書いて哀悼の意を表した。その後半には「彼は偉大で、善良で、不幸だった。国の名誉のために働きすぎた。一時も休まない頭脳からアラクネのような思想の織物を紡ぎだした。彼が愛した惑星の形と、彼がそう教えた光の振動する列をたどる結晶の枠が、糸杉の林の中で彼の象徴であれ」と書かれている。「惑

ストラバン中央通り

星の形」というのは楕円体、「振動する列」というのはエーテルの振動のことである。

ずいぶん以前にトリニティーカレッジでマッカラーの胸像を探したことがあるが果たせなかった。ロウズマリーはマッカラーの胸像は見たことがないと言う。見つけたら知らせると約束して二人に別れを告げた。ストラバンに戻ると次発のベルファスト行き最終ブス、つまりその最終バスまで二時間もある。川沿いの中央通りを歩いてみた。グレイ印刷所博物館はジョン・ダンラップやジェイムズ・ウィルソンが働いていた印刷所だった。中央通りの先がマッカラー一家が住んだミーティングハウス通りで、ダンラップは同じ通りで生まれた。一七五七年に十歳でフィラデルフィアに移住し、そこで米国最初の日刊紙を発行し、独立戦争に参加し、独立宣言を印刷した。ウィルソンも一八〇七年に二十歳でフィラデルフィアに移住し、新聞編集者になり、上院議員になった。その孫は大統領になり、国際連盟を提唱した。

のどが渇いたがほとんどの店は閉まっている。パブだけがにぎやかで大騒ぎしているのでコーヒーを注文したら、「おれがこの店のボスだ」というおっかなそうな男が現れた。ぼくをパブから連れ出し、どこかに引っ張って行く。印刷所博物館の隣の食堂で、「ここのコーヒーがうまいから飲んで行け。それじゃあな」、というわけで一杯のコーヒーとケーキにありついた。気がつくと主人夫婦が店を仕舞って手持ち無沙汰だ。ぼくが飲み終わるまで何も言わずにじっと待っていてくれたのだ。

翌日はブ…、バスでダブリンに出かけた。マッカラーの胸像はトリニティーに入ってすぐ左の礼拝堂の奥のコモンルームにあるはずなので、図書館や国際交流課などをまわってみた。かぎ裂きのズボンをはいたみすぼらしいぼくだが、どこの事務室も、官僚的ではなく、温かく迎えてくれた。コモンルームの秘書に連絡がつき、彼女は快く中を案内してくれたのだが、すみからすみまで探しても胸像が見つからない。「学内にあるはずなので探してみます」と言う秘書に力を得て、その日はあきらめた。翌日電話をすると、いい知らせがある、と言うので、コモンルームに駆けつけた。「ほら」と秘書が指差す上を向くと、昨日探したはずの立派な部屋のドアの上に胸像が飾ってあった。この部屋を毎日利用するトリニティーの教授たちの誰一人として頭上にあるマッカラーの胸像を意識したことはないのだろう。ましてマッカラーを知っている人はいないのではないか。秘書は「一日マッカラーのことを調べてみて興味を持った」と言っていた。少しはマッカラーのために貢献できたのかもしれない。

マッカラー胸像

オリヴァー！

ヘヴィサイド

Oliver Heaviside

ベイカー通り駅

ロンドンのベイカー通り二二一Bはシャーロック・ホームズとジョン・ワトソン博士の下宿があった場所で、現在はアビーナショナル銀行になっている。建物の外壁にはホームズを記念する銘板が取り付けてある。ホームズの実在を信じるシャーロッキアンやホームジアンに向かって、ホームズがいた頃そこはベイカー通りではなかった、とか、二二一Bという番地はなかった、などとからかってはいけない。地下鉄ベイカール一線のベイカー通り駅にはパイプをくわえたホームズのシルエットがタイルで描かれている。タイルの一枚一枚がホームズのシルエットになっている。ずいぶん昔になるがタイルのホームズにカメラを向けていたら「ホームズと一緒に写真を撮ってあげよう」と言ってくれた紳士もいた。ロンドンではこんな親切を受けることがしばしばある。二二一Bはベイカー通りのほとんど北の端に位置し、突き当たりは広大で美しいリージェント公園になっている。公園内の散歩道ブロードウォークを北に抜けると公園の西側にカムデンタウンが広がっている。

カムデンタウン駅

カムデンの町は雰囲気ががらりと違う。かつては追い剥ぎが出没する田園地帯だったが、十九世紀に運河と鉄道の建設のための労働者としてアイルランド人がやってきた。アイルランド大飢饉でさらに人口が増加し、カムデンはスラムと労働者の町になった。南カムデンにあった極貧のスラムはディケンズの『オリヴァー・トゥイスト』の舞台になった。オリヴァーが連れていかれた窃盗団巣窟があるサフロンヒルは「狭くて泥だらけで、空気は不潔な臭いで充満していた」。ジョージ・オーウェルは下層階級の生活を実体験するためにカムデンに住み、後に論文「チャールズ・ディケンズ」(小野寺健編訳『オーウェル評論集』、岩波文庫)を書いた。その中でオーウェルはディケンズの『クリスマス・キャロル』を引用している。

「どの道も不潔で狭かった。店も住居もみじめだった。裸同然の人びとは、飲んだくれ、むさくるしいかっこうで、顔も醜い。横丁の通りもアーチの下も、まるで汚水溜め同然、悪臭とごみと人生の怒りを入りくんだ道路に向って吐き出していた。あたりにはいたるところ犯罪と汚濁と悲惨の臭いがみなぎっていた。」

現代のカムデンはロンドンの中でも若者にもっとも人気のある町の一つである。リージェント公園から流れてくる運河沿いにショッピングセンターもつくられた。古着屋、古道具屋、露天商などが並んでいてヒッピーやパンクが似合う町である。昔は追い剝ぎのさらし絞首台があったという地下鉄カムデンタウン駅から通りに出たときは驚いた。日曜日だったせいか、歩道は身動きできないほど人であふれていた。だが、それも町の中心のカムデンハイ通りだけで、平行するベイアム通りは静かなものである。ディケンズは一八二二年十歳のときベイアム通りにある家の、カムデンハイ通りを見下ろす屋根裏部屋に住むようになった。ディケンズにとって、ベイアム通りは悪夢のようなひどい場所だった。学校にも通わせてもらえず靴墨工場に働きに出され、父はわずかな借金を返せないために債務者監獄に入れられた。『クリスマス・キャロル』に登場する、貧しく善良な書記ボブ・クラチットの家はカムデンに設定されていて、ベイアム通りのディケンズの家をモデルにしたと言われている。

貧しい木版職人トマス・ヘヴィサイドは一八四九年にヨークの北東にあるストックトン＝オン＝ティーズからロンドンにやってきた。オリヴァー・ヘヴィサイドはその末子として一八五〇年五月十八日にカムデンのキング通りに生まれ十三年間をそこで過ごした。ベイアム通りに直交する現在のプレンダー通りだが生家は現存しない。ヘヴィサイドは友人フィッツジェラルドに子供の頃の思い出を語った手紙の中で、最下層の、ほとんど犯罪者まがいの人々が住む地域である上に、耳がほとんど聞こえないこともあって友達もできずみじめな生活を送った、と書いている。ヘヴィサイドの論文にしばしばディケンズが登場するのは共感するところが多かったからだろう。一八六三年に少しましなカムデン通りに引っ越した。ヘヴィサイドは「ディケンズは、靴墨工場で働いているとき、すぐ先の角を曲がった家に住んでいた」と言っている。カムデン通りの家はベイアム通りのディケンズの家から一ブロックしか離れていないが、いずれの家も残っていない。一

セントオーガスティンズロード旧居跡

八七六年にやはりカムデンのセントオーガスティンズロードに引っ越した。テラスハウスの端の家だが、ヘヴィサイドの家だけが取り壊されてしまい、ゴミ置き場になっている。マクスウェル方程式が初めて書かれた場所なのだが。

ヘヴィサイドの一生に大きな影響を与えたのは伯父チャールズ・ホイートストンである。キングズカレッジ実験物理学教授ホイートストンは一八四七年に召使いの料理人エマ・ウェストと結婚したが、ヘヴィサイドの母レイチェル・エリザベスはエマの妹にあたる。ホイートストンの住居はリージェント公園南にあるパークレセントにあったから、両家は親しく交流した。ヘヴィサイドの物理と音楽への傾倒はホイートストンの影響である。ホイートストンはヘヴィサイドにフランス語、ドイツ語、デンマーク語の勉強をすすめた。ヘヴィサイドは十六歳でカムデンハウス学校を卒業し、二年後に、ホイートストンの推薦で、デンマークのフレデリシアにあるデンマーク＝ノルウェイ＝イングランド電信会社に電信技手として就職した。その小さな

ニューキャスル

会社は一八七〇年にグレイトノーザン電信会社に吸収されたのでヘヴィサイドはニューキャスル＝アポン＝タインに転勤した。ディケンズと同様にヘヴィサイドも独学だった。勤務のかたわら電気に関する論文を書き始めた。

一八七四年に二十四歳で電信会社を退職したのは前年に刊行されたマクスウェルの『電気磁気論考』に出会ったからである。晩年にヘヴィサイドは「出版されたばかりのその本を図書館の机の上で見てざっと目を通し驚愕した。……私はそれが無限の可能性を持った、偉大な、もっと偉大な、最高に偉大なものであることがわかった。私はそれをわがものとすることを決意し取りかかった。私は完全に無知だった。数学解析の知識はまったくなかった（学校で代数と三角法を習ったが、ほとんど忘れていた）。私にできる限りでそれを理解するのに数年を費やした。それからマクスウェルを脇において自分自身の筋道をたどってみた。そして急速に進展が得られた」と述べている。ヘヴィサイドは二度と就職することなく、ほとんど人付き合いもせず貧困の中で研究に没頭した。

今日の物理教科書で「マクスウェル方程式」と呼ばれている四つの基本方程式はマクスウェルの論文にも単行本にも書かれていない。『論考』に書かれているのは十二個の方程式で、電磁場とポテンシャルが独立の量として入り、今日ではマクスウェル方程式と無関係のオームの法則が基本方程式になっている一方で、ファラデイの法則も、磁気モノポールが存在しないことを表す方程式も入っていない。フィッツジェラルドは

「マクスウェルの論文は、彼の輝かしい猛攻撃の跡、塹壕を巡らした野営の跡、戦闘の跡が累々として道をふさいでいる。ヘヴィサイドはこれを一掃してまっすぐのルートを切り開き、広い道をつくり、未開の土地を探検した」と評した。

現代のマクスウェル方程式が初めて現れたのは一八八五年のヘヴィサイドの論文「電磁誘導とその伝搬」においてである。それは雑誌『電気技術者』に掲載された。無職のヘヴィサイドは商業雑誌からの原稿料で生活していたからである。ヘルツも一八九〇年にヘヴィサイドと同じようにマクスウェルの方程式からポテンシャルを消去したが先取権はヘヴィサイドにあると言っている。ミンコフスキーは「マクスウェル-ヘヴィサイド-ヘルツ方程式」と呼んでいる。マクスウェルは成分で表した式とハミルトンの四元数で表した式を書いているが、ヘヴィサイドはベクトル記法を使った。現代のベクトル解析はギブズとヘヴィサイドが完成させたものでベクトルを太字で表す習慣はヘヴィサイドが始めた。発散密度と回転密度を与える微分演算子記号divとrotもヘヴィサイドの発明である。ヘヴィサイド方程式はフェプルがその教科書で採用したことによって広まり今日に至っている。アインシュタインの相対論の論文にフェプルの影響が認められている。

ヘヴィサイドが探検した未開の土地は現在では教科書にヘヴィサイドに言及することなく載っている。まず、ポインティングと独立に電磁場のエネルギー保存則を導いた。また、電磁波が歪みなく導線に沿って伝搬するためにはインダクタンスが必須で、電位や電流が、トムソン（後のケルヴィン卿）の伝導方程式では

306 THE ELECTRICIAN, FEBRUARY 21, 1885.

ELECTROMAGNETIC INDUCTION AND ITS PROPAGATION.

BY OLIVER HEAVISIDE.

「電磁誘導とその伝搬」

なく、電信方程式に従うことを示した。トムソンは後になってヘヴィサイドの正しさを認め賞賛している。ローレンツ力、表皮効果、チェレンコフ効果など、いずれも現代の教科書に欠かせないが、ヘヴィサイドに触れる教科書はほとんどない。等速度運動する荷電粒子のつくる電磁場を初めて導いたのもヘヴィサイドである。現代の教科書の基本公式だが、フィツジェラルドの収縮仮説にヒントを与えた。フィツジェラルドは一八八九年二月八日にカムデンのヘヴィサイドを訪ねてヘヴィサイドの電磁場について議論した。等速度運動する荷電粒子の等電位面がフィツジェラルド-ローレンツ収縮した楕円体になることを示したのはキャヴェンディシュ研究所実習助手サールで、「ヘヴィサイド楕円体」と名づけた。サールは一八九二年にヘヴィサイドの計算間違いを指摘して以来ヘヴィサイドの親友になり、最晩年までヘヴィサイドを訪問し続けた。

オリヴァー・ヘヴィサイド

ヘヴィサイドは微分演算子を変数に置きかえ微分方程式を代数的に解く演算子法を積極的に発展させた。今日普通に使われている「階段関数」はヘヴィサイドの演算子法で現れた。また階段関数の微分係数を「インパルス関数」と呼んでいるが、もちろん「デルタ関数」のことだ。ベクトル解析でも演算子法でも数学者から激しい攻撃を受けた。トムソンがヘヴィサイドを「ニヒリスト」と評するほど、ヘヴィサイドの論文は辛辣な皮肉にみち攻撃的だが、数学者クラインは「健康な良識を持ったユーモアのあるヘヴィサイドの論文を読むのは楽しい」と言っている。

ヘヴィサイドは用語を発明するのが得意だった。マクスウェル方程式に4πが現れないようにする「有理化」はヘヴィサイドの発明である。永久電石をエレクトレットと名づけたのもヘヴィサイドである。ヘヴィサイドが名づけたコンダクタンス、インダクタンス、インピーダンス、アドミタンス、リラクタンス、パーミティヴィティ（誘電率）などは現代の標準用語になっている。一八九三年にインダクタンスにどのような意味を持たせるかについて委員会が設置された。ヘヴィサイドも招聘されたがいつものように欠席した。意見を求められたトムソンは「インダクタンスはヘヴィサイド氏が与えたもとの意味を保持すべきである」と返事した。何の肩書きもない無職の研究者の意見が尊重されるなどわが国では考えられない。

トーキーのレノルズ楽器店共同経営者になった兄チャールズは、ペイントン支店の隣に家を借り、一八八九年秋に、両親とヘヴィサイドをロンドンから呼び寄せた。ちょうど同じ頃ホームズとワトソンが『バスカーヴィル家の犬』などでよく出かけたパディントン駅からヘヴィサイドを探す旅に出てみよう。セント・メ

パディントン駅

パレス通り旧居

アリー・ミード村に住むミス・マープルに会いに行くためにマクギリカディー夫人が四時五十分の列車に乗車した駅でもある。セント・メアリー・ミード村がどこにあるかははっきりしないが、その列車の終着駅は英国南西部デヴォン州にある。パディントンから終点のペイントンまでは三時間ほどだ。トア湾にあるトーキーやペイントンは「英国のリヴィエラ」と呼ばれる高級避暑地である。ペイントン駅はTVシリーズ『名探偵ポアロ』でも使われた蒸気機関車の発着駅になっている。現在はバークリー銀行になっている駅前のパレス通り旧居にカメラを向けたら駐車していた車の運転手が大急ぎで車をどけてくれた。

ヘヴィサイドは、母が一八九四年十月、父が一八九六年十一月に亡くなった後、一八九七年六月にペイントンから列車で十分ほどの距離にあるニュートンアボットの高台にあるトトネスロードに家を借りて一人暮らしを始めた。この家を見つけるには苦労した。駅からかなり離れた高台の上をくまなく歩き回ったが、どの家か確証がつかめない。たまたま通りかかった文化

旧居ブラドリーヴュー

保護財団の職員も、テニス帰りの中年婦人たちもヘヴィサイドの名さえ知らない。あきらめて帰りかけたとき、ふと見た緑の公園を見下ろす家に小さな表札「ブラドリーヴュー」を見つけたときは大感激だった。帰途、ニュートンアボットの街を駅に向かって歩いていたら突然「ヘヴィサイドの家は見つかったの」と声をかけられた。さきほどのテニス婦人だ。ぼくが得意満面になったのは言うまでもない。

ヘヴィサイドはこの家で幸福ではなかった。近所の悪童が窓に石を投げたり、門に落書きしたり、無断で庭に入ってきて木から果物を盗んだりした。フィッジェラルドは一八九八年九月十七日にヘヴィサイドを訪ねてニュートンアボットにやってきた。翌年フィッジェラルドは、直進する電磁波がなぜ地球の曲がった表面を伝搬できるかヘヴィサイドに訊ねたが、一九〇一年に亡くなってしまった。ヘヴィサイドは翌年、ブリタニカ百科辞典への寄稿論文で、上空に電離した大気の存在を仮定することによってこの現象を説明した（寄稿者のための豪華晩餐会はもちろんすっぽかした）。

公園への小径（左頁）

アプルトンが電離層の存在を確認したのは一九二五年になってからである。

T・S・エリオットの詩を基にしたミュージカル『キャッツ』には「上れ、上れ、上れ、上れ、ラッセルホテルを越えて　上れ、上れ、上れ、上れ、へヴィサイド層まで」という歌がある。エリオットはロンドンのラッセル公園に面した出版社フェイバー・アンド・フェイバーで編集者をしていたからラッセルホテルをいつも見ていた。八階建てのラッセルホテルを越えればヘヴィサイド層に届くと想像できるのは詩人の特権だろう。『キャッツ』にはあらゆる法を破る（重力の法則まで破る）猫の犯罪王マキャヴィティが登場するが、モリアーティとマキアヴェッリを合成した名だ。エリオットは大のホームズファンでベイカー通りを曲がったクロフォード通りに住んでいたことがある。

ヘヴィサイド理論に基づく長距離電話の特許はコロンビア大学のプーピンが横取りした。インダクタンスを用いて歪みのない電信が可能になることを示したヘヴィサイドの論文は一八八七年に発表された。装荷コ

ホテルラッセル

イルはベル電話会社のキャンベルが実用化した。キャンベルは、独立に装荷コイルを発明したと主張するプーピンと、法廷で争った。キャンベルとプーピンの特許申請は、ヘヴィサイドの先取権のために却下された。だが一九〇一年には術策に長けるプーピンに特許が与えられた。ヘヴィサイドの抗議を知っている悪童たちはヘヴィサイドの家の前で「プープ、プープ、プーピン」とはやし立てた。兄チャールズは一九〇八年にヘヴィサイドをトーキーのロウアウォーベリーロードにあるメアリー・ウェイの家ホームフィールドに下宿させた。チャールズの妻セーラとメアリーは二人姉妹である。海を見下ろすウォーベリー一帯にはヴィクトリア朝時代の高級別荘やホテルが並んでいる。クリスティーはトーキーのバートン通りで生まれた。クリスティーが一九二六年に有名な失踪事件を起こしたとき、ウォーベリーにある友人の別荘に隠れていたと言われている。同じ通りに一九一一年以後ヘヴィサイドの所有となったホームフィールドがある。老朽化し、改築で原形とはかなり違うが。クリスティーに関する展示

旧居ホームフィールド

があるトーキー博物館から坂道を上りながらヘヴィサイドの家を探してへとへとになった。通りに面した塀に傷んだ銘板が取り付けられていた。

一九一二年に兄嫁が亡くなった。一九一六年にはメアリーが老齢のため兄の家に移った。ヘヴィサイドの晩年は悲惨だった。ガス代を払えないためにガスを止められ、かき集めた毛布にくるまって一冬をしのいだこともあった。サール夫妻が訪ねてきたとき、サール夫人には茶碗で、サールには水鉢で紅茶を出した。食卓には布のかわりに古新聞を敷いた。ヘヴィサイドにとって人生は苦々しいものになっていった。一九一八年頃から称号〝W.O.R.M.〟を付けるようになった。人はヘヴィサイドを虫けらのごとく見ていると思っていたからだ。ヘヴィサイドは一九二五年二月三日にトーキーのマウント・ステュアート養護施設で亡くなった。墓はペイントン墓地にあり両親とともに眠っている。墓石はかなり傷んで傾いている。あたりは雑草に埋もれていた。

旧居銘板

ヘヴィサイド墓碑

汽車にのって

フィツジェラルド

George Francis FitzGerald

シャノン川

　学生時代に東北地方を鉄道で旅行したとき、向かいの席に座ったおばあさんが、深さ十五センチもありそうな、ご飯ばかりがいっぱいつまったどか弁と新聞紙に包んだ干物のおかずを取り出し、「学生さん、腹空いてんだべ、食え」とすすめてくれたことがある。アイルランドを旅行したときそんな昔の記憶がよみがえった。アイルランドというとすぐに丸山薫の詩「汽車にのって」(『丸山薫詩集』、現代詩文庫)を思い出す。

汽車に乗つて
あいるらんどのやうな田舎へ行かう
ひとびとが祭の日傘をくるくるまはし
日が照りながら雨のふる
あいるらんどのやうな田舎へ行かう
窓に映つた自分の顔を道づれにして
湖水をわたり　隧道をくぐり
珍らしい顔の少女や牛の歩いてゐる
あいるらんどのやうな田舎へ行かう

ダブリンのヒューストン駅から列車に乗ると二時間半足らずでシャノン河畔の町リムリックに着く。シャノンはアイルランド最長の川で、大西洋の潮はリムリックまで入ってくる。悠々と流れる川の音を聞きながら、アーサーズキーからジョン王の城や聖メアリー大聖堂を望む景色が雄大でこよなく美しい。シャノン橋のたもとにあるホテルの前に、血を流す心臓を表した記念碑「破れた心」がある。アイルランド大飢饉でこの港から米国に移住した無数のアイルランド人をしのんでいる。一八四五年から一八四九年にかけてアイルランドでじゃがいもの不作による大飢饉があった。百万人ものアイルランド人が餓死しているというのに世界でもっとも裕福な英国政府は何もしなかった。それどころか、アダム・スミスの自由放任政策を信奉するホイッグ党政府は小麦、肉など大量の食料をアイルランドから英国に送り続けさせた。このときアイルランド人は棺桶船と呼ばれる粗末な船で大挙して米国に移住した。

大飢饉記念碑のあるホテルの裏はかつてはスラム街だった。その中にあるウィンドミル通りは、一九三五年、大恐慌にあえぐニューヨークからリムリックに戻ってきたアイルランド人一家が最初に住んだ場所だった。「どこの国にも、幼いころの惨めさを得意気に語る人がいる。涙ながらに語る人もいる。だが、アイルランド人の惨めさは桁が違う。貧困。口ばかり達者で甲斐性なしの、飲んだくれの父親。打ちのめされ、暖炉のわきでうめくだけの信心深い母親。偉ぶった司祭。生徒いじめの教師。イギリス人と、そのイギリス人が八百年ものあいだつづけてきたひどい仕打ちの数々……。」一九九六年に出版され、ピュリツァー賞（伝

大飢饉記念碑

バラックヒルとパブ

記部門）を受賞し、映画化されたフランク・マコートの自伝『アンジェラの灰』（土屋政雄訳、新潮社）は極貧の中でもユーモアを失わずたくましく生きる少年の青春の物語であるが、独立したばかりの国アイルランドの青春の物語でもある。自伝の舞台を訪ねて市内を歩いてみた。ハートストング通り、サンヴァンサン・ド・ポール協会、リデムプトリスト教会、……。急な坂道バラックヒルの兵舎の壁は残っているが、その前の、マコート一家が住んだスラム街と不潔きわまりない共同便所はなくなっていた。フランクとマラキ兄弟が妹アルフィーを乗せた乳母車を坂の上から転がし突っ込ませたふもとのパブは現存する。その古めかしいパブでコーヒーを注文した。店主は「『アンジェラの灰』で来たんだろ。地元ではあの本を嫌う人もいるが、ぼくはそうでもない」と言っていた。

リムリックからバスで四十分ほどシャノン川をさかのぼると小さな町キラルーに着く。フランクが自転車旅行を望んでかなわなかった町だ。シャノン川の一部になるダーグ湖のほとりにある。フィツジェラルドが少年時代を過ごした家を探すのが目的だ。かつては鉄道があったが、現在はバスの便しかなく、便数がわずかなので、リムリックから往復すると一時間半しか滞在できない。フィツジェラルドの父ウィリアムは一八六二年にキラルー主教に任命され一八八三年に亡くなるまでその職にあった。シャノン河畔にある聖フラナン大聖堂が勤務地だ。大聖堂横に教会付属と思われる住居がある。この家に違いない。入口に夫人を呼び出し邸内を見せてくれるよう頼んでみた。夫人は、夫に

聖フランナン大聖堂

直接話して下さい、と言って、「東大から太田先生がいらっしゃったわよ」と紹介した。流暢な日本語で！

アイルランドの田舎で日本語？　頭が混乱していると、ご主人が「どうもいらっしゃい。ご用をおっしゃって下さい」と、これまた流暢な日本語だ。狐につままれた心地だったが、理由はすぐわかった。ご主人は大使館勤務で東京に長い間住んでおられたのだ。ご主人の回答は的確だった。この家はかつての司祭の住居で、主教公邸はここから徒歩で二十分の距離にある、とのことだ。車は清掃中なので案内して頂くのを待ってはいられない。川沿いの道を南に向かって駆け出した。迷ったあげく、緑の野原に出た。「日本語で突き当たりの道」と教えられた通り、野原の脇道は門に突き当たった。門の中に「クラリスフォード公邸」と書いてある。鬱蒼とした森に囲まれた邸内の小道をしばらく歩くと屋敷に出た。家の前で老紳士が車を洗っている。事情を説明すると、これから病院に行くところだが、邸内を自由に見てまわっていい、という親切な

クラリスフォード公邸入口

申し出だ。十八世紀末にキラルー主教の住居として建てられたクラリスフォード公邸は一九七七年に売却されたとのことだ。広大な敷地はシャノンの川岸まで続いている。

今日、フィッジェラルドの名が登場するのは相対論の教科書で、「マイケルソン-モーリーの実験を説明するために、ローレンツとほぼ同時期に収縮仮説を提唱した」とするときだけである。フィッジェラルドに触れることさえしない教科書の方が多い。触れている場合も収縮仮説をいつどこに発表したかについてあいまいである。ところがフィッジェラルドは一八八九年に短信を発表していた。それから七十八年もたった一九六七年にブラッシュがその『サイエンス』誌への短信「エーテルと地球の大気」を発見した。前半を訳すと次のようになる。

「エーテルが地球によってどのくらい引きずられているかという重要な疑問を決するマイケルソンとモーリー両氏のすばらしい精密実験を多大な興味を持って読んだ。彼らの結果は空気中のエーテルがほとんど引

旧居クラリスフォード

きずられないとする他の実験に矛盾している。この矛盾をなくすほとんど唯一の仮定は、物体がエーテルを横切って運動するとき、物体の長さがその速度と光速度の比の二乗に依存する量だけ変化する、とすることであると指摘したい。われわれは電場が荷電物体のエーテルに対する相対運動によって影響を受けることを知っている。そこで分子力が運動の影響を受け、物体のサイズがそのために変化すると仮定することが不可能とは思えない。」

390 SCIENCE. [Vol. XIII. No. 328

LETTERS TO THE EDITOR.

The Ether and the Earth's Atmosphere.

I have read with much interest Messrs. Michelson and Morley's wonderfully delicate experiment attempting to decide the important question as to how far the ether is carried along by the earth. Their result seems opposed to other experiments showing that the ether in the air can be carried along only to an inappreciable extent. I would suggest that almost the only hypothesis that can reconcile this opposition is that the length of material bodies changes, according as they are moving through the ether or across it, by an amount depending on the square of the ratio of their velocities to that of light. We know that electric forces are affected by the motion of the electrified bodies relative to the ether, and it seems a not improbable supposition that the molecular forces are affected by the motion, and that the size of a body alters consequently. It would be very important if secular experiments on electrical attractions between permanently electrified bodies, such as in a very delicate quadrant electrometer, were instituted in some of the equatorial parts of the earth to observe whether there is any diurnal and annual variation of attraction, — diurnal due to the rotation of the earth being added and subtracted from its orbital velocity; and annual similarly for its orbital velocity and the motion of the solar system. Geo. Fras. FitzGerald.

INDUSTRIAL NOTES.

A Satisfactory Motor

Some Contracts Closed Last Week.

「エーテルと地球の大気」(右中段)

明らかにフィッジェラルドに先取権がある。また、今日の教科書では収縮仮説を「実験を説明するためのその場限りの仮定」と説明するが、フィッジェラルドはちゃんと物理的根拠を述べている。

ヘヴィサイドは一八八五年に現代のマクスウェル方程式を書き、一八八九年に等速度運動する電荷のまわりにつくられる電磁場を導いた。ヘヴィサイドの友人サールが「ヘヴィサイド楕円体」と名づけた等電位面はまさしく球面が「フィッジェラルド-ローレンツ収縮」したものである。その年の二月八日フィッジェラルドは人と会いたがらないヘヴィサイドをカムデンの貧しい家に訪問した。人を分け隔てしないフィッジェラルドの人柄がしのばれる。ケルヴィン卿は線路工夫や機関夫たちを幼なじみの友達のように助けるフィッジェラルドを目撃している。初対面の二人はヘヴィサイドの電磁場について議論した。フィッジェラルドの論文で収縮仮説の物理的根拠を述べた部分はヘヴィサイドの電磁場を念頭に置いていることに疑いない。今日でも正しい式を見て仮説を立てたのだ。

だがフィッツジェラルドの二十一行の短信に誰も、本人さえも、気づかなかった。一八九二年に収縮仮説を発表したローレンツはフィッツジェラルドに問い合わせの手紙を書いた。フィッツジェラルドは「『サイエンス』に投稿しましたが印刷されたかどうか知りません。あなたの論文の方が先であるのは確かです」と返事を書いた。そこでローレンツは一八九五年に「フィッツジェラルドは長い間講義の中でその仮説を扱っている」と書いた。著作集を編集したラーモアもこの短信を収録しなかった。現代の教科書の混乱は自己宣伝しないフィッツジェラルドの人柄に起因するようだ。

ジョージ・フランシス・フィッツジェラルドは大飢饉がやっと終わった一八五一年八月三日にダブリンのマウント通りロウアで生まれた。トリニティーカレッジからメリオン広場北をまっすぐ東に行った通りだが生家は現存しない。トリニティーのすぐ横にあるドーソン通りには大きな書店イーソン、ウォーターストン、そしてフィッツジェラルドの没後に著作集を出版したホジズ・フィギズが並んでいる。同じ通りにフィッツジェラルドが生まれた頃父が司祭をしていた聖アン教会もある。父はトリニティー倫理学教授、母アン・フランシスは物理学者ジョージ・ジョンストン・ストーニーの妹である。フィッツジェラルドの哲学への興味は父方から、数学・物理学への興味は母方から来ている。ストーニーは一八七四年に史上初めて素電荷の値を決め、一八九一年の論文で素電荷をエレクトロンと名づけた。一八九七年にJ・J・トムソンが電子を発見するとフィッツジェラルドは電子をエレクトロンと名づけ、陰極

聖アン教会

聖フィンバー大聖堂

線粒子が自由電子であると考えた。

　フィツジェラルドの父は一八五七年にコーク主教に任命された。リムリックの南に位置するコークはフランク・マコートがアイリッシュオーク号で米国に船出した港町だ。コークを東西に横切るリー川の南側にある聖フィンバー大聖堂がフィツジェラルドの父の勤務地だったが、当時はもっと質素な建物だった。フィツジェラルドは家庭教師から教育を受けた。コーク大学教授で記号論理学を創始した数学者ジョージ・ブールの妹メアリー・アンが家庭教師だった。フィツジェラルドが八歳のとき母が亡くなった。一八六二年に父の転任とともにキラルーに移った。

　フィツジェラルドは一八六七年十六歳でトリニティーに入学し、一八七一年に卒業した。一八七六年に発表した最初の論文はカー効果に関するものである。翌年フェロウに合格し、かつてマッカラーが使っていたニュースクエア住宅四十番に住んだ。一八八一年に自然哲学・実験哲学教授になった。学寮長の娘ハリエッ

ニュースクエア旧居

フィツジェラルド図書室

ト・メアリー・ジェレットと結婚したのは一八八五年で、ドーソン通りを下った聖スティーヴングリーン近くのエリープレイスに住んだ。トリニティーの物理図書室のドアの上に歴代自然哲学・実験哲学教授銘板があり、ロイド、マッカラー、ウォールトンらに並んでフィツジェラルドの名がある。一九〇五年に建てられたトリニティーの物理の建物とその中にある図書室にはフィツジェラルドの名がつけられた。図書室にはフィツジェラルドの蔵書、実験器具、カレッジパークで飛行機の実験をする写真などが展示されている。講義室にはシュレーディンガーの名がつけられている。

　フィツジェラルドは一八七九年にマッカラー理論がマクスウェル理論として解釈できるという論文を書いた。査読したマクスウェルの手紙がフィツジェラルドのもとに届いたのはマクスウェルの死の二日後だった。マクスウェルは今日のような形でその理論を残さなかった。とりわけ、電磁波をどのようにしてつくるかについて何も説明しなかった。最初にそれに取り組んだ

飛行機の実験

フィッツジェラルド館

のがフィッツジェラルドである。マクスウェルによると磁場の源は伝導電流と変位電流である。現代の教科書でも「変位電流は磁場をつくる」というマクスウェルの考え方が残っている。だがフィッツジェラルドはこれがおかしいことに気づいた。等速度運動する電荷のまわりの電場は時間変化し、変位電流が流れるのに磁場は変位電流がないときと同じである。一八八一年の論文で「変位電流の磁気効果はない。ライデン瓶の放電のような開回路が閉回路とまったく同じ効果を持つということが証明されたとは思えない。変位電流のこのような効果が観測されない限り理論全体に疑問の余地がある」と言っている。

　フィッツジェラルドはマクスウェル理論に基づいて電磁波をつくりたかった。だがマクスウェルの言うように変位電流から磁場をつくることはできないと考えた。そして伝導電流のみがベクトルポテンシャルをつくるという考え方に到達する。一八八三年に、微小な円形回路に正弦的に時間変化する電流を流し、それが放射

物理学科館内

するエネルギーを計算した。電流が源になってベクトルポテンシャルがつくられ光速度で伝搬していく、という現代の考え方(マクスウェルになかった考え方)が明瞭に記されている。ここに初めて電気の振動によって電磁波を発生させる可能性が示された。電磁場がエネルギーを運ぶという考え方は一八八五年にポインティングとヘヴィサイドによって定式化されるが、フィツジェラルドはすでに同じ考え方を使っている。フィツジェラルドの論文のわずか数行は十年後にローレンツが書く論文の内容を先取りしていた。

ジョージ・フランシス・
フィツジェラルド

フィツジェラルドはヘヴィサイドに宛てた手紙で「ぼくは間違いを犯すことを気にしないから、誰かに考えてもらえるように荒っぽい考え方に飛びついてみる」と言っている。ヘヴィサイドはフィツジェラルドについて「疑いもなくもっとも速く回転する独創的頭脳を持っていた。そのことは彼の科学上の名声に関しては不運だったのではないか。彼がもう少しでも愚かであった方が、つまりそこまで頭脳の回転が速くなく万能でもなくもう少しゆっくりしていた方が彼のためになったのではと思う」と言っている。もしそうであったらフィツジェラルドが電磁気学を完成させただろう。フィツジェラルドの計算した微小電流による輻射式は現代の電磁気学のすべてを含んでいる。だがそれは磁気モーメントによる輻射である。しばらくしてヘルツが双極子モーメントによる輻射によって電磁波を発見した。ヘルツの大成功を祝福し英国学界に紹介したのもフィツジェラルドである。

フィツジェラルドはいろいろな着想を惜しげもなく人に与えた。相対論の検証実験として有名なトルートン−ノーブルの実験も最晩年のフィッジェラルドが弟子のトルートンに提案したものである。ウィリアム・ラムジーが述べた言葉が印象的である。「彼には偉ぶるところがまるでなかった。出しゃばらず、名声を一切求めなかった。自分の義務を果たすだけで満足した。そして他の人たちが彼らの義務を果たすのを助ける仕事が彼の義務であると考えていた。」

フィッジェラルドとヘヴィサイドの交流は続いた。収縮仮説、超光速度、重力も有限速度で伝わる可能性など物理の話題ばかりではなく、ヘヴィサイドが他人には言わない個人的な問題も手紙の話題になった。フィッジェラルドはヘヴィサイドの経済的状況を救うために奔走した。一九〇一年二月二十二日にフィッジェラルドが四十九歳の若さで亡くなったとき、ヘヴィサイドはオリヴァー・ロッジにこう書いた。「私は彼に二度会ったきりですが一時は頻繁に手紙のやり取りをし、彼を好きになりました。私に対する彼の親切は言うまでもありませんが、互いによく理解し合っていました。……輝かしい天才と広範な知識を持った人物の早すぎる死は国家的不幸です。もちろん「国家」はそんなことを知ろうともしませんが。」

フィッジェラルドの墓はダブリンからバスで十分ほど南に行ったマウントジェローム墓地にある。広大な墓地の管理事務所で「そんな人は知らない」と言われたときは途方にくれたが、執念で墓を探しだした。大声を出せば物理の議論もできそうな距離にハミルトンの墓がある。

フィッジェラルド墓碑

並木道の白い家

マクスウェル

James Clerk Maxwell

オーウェル旧居

ロンドンの地下鉄セントラル線にあるノティングヒルゲイト駅北側にノティングヒルの町がひろがっている。アラバスターづくりの立派な屋敷が立ち並んでいるかと思うと、ボヘミアン風の雰囲気が漂っている不思議な町だ。北西に伸びるポートベロロードは毎週土曜日に蚤の市が開かれ、色とりどりの屋台やブティックは人でいっぱいになる。店やフラットのドアに塗られたペンキがカラフルで、青、赤、黄、緑、紫などの原色が独特の雰囲気を醸し出している。十九世紀後半に高級住宅街になったが、屋敷で働く使用人たちが住むようになり、一九一九年に開業した食料品店が評判となって次々と店が続いた。さらに西インド諸島から移民が流入し、町はスラム化した。ジョージ・オーウェルはビルマで五年間インド帝国警察に勤務した後で帰英し、一九二七―二八年にポートベロロードに下宿した。作家を目指して、下層階級の人たちに対する嫌悪感をなくすために、浮浪者や乞食に身をやつして貧民街に出かけた。下宿の女主人クレイグ夫人は俗物で、十四年間一度も近所の貧しい人たちに口をきかず、鍵を忘れて家から閉め出されたときでさえ、隣の労働者の家からはしごを借りず、オーウェルに一マイル先の親戚から借りてこさせた。現在のポートベロロードは入れ墨の店もあればトップデザイナーのファッションの店もあるコスモポリタンの町である。

この町を舞台にした映画『ノティングヒルの恋人』が一九九九年に公開され評判になった。ヒュー・グラント扮するウィリアムはポートベロロードで売れない旅行書専門店を営んでいる。ある日ハリウッドの映画

ウィリアムは出合い頭にアナにぶつかった

ウィリアムの本屋

スターがウィリアムの店にぶらりと立ち寄った。ジュリア・ロバーツ扮するアナが世界一有名な女優であることに気づかないぼんやりしたところがウィリアムのいいところだ。現代版『ローマの休日』のようなラヴストーリーだが、ウィリアムのまわりの、変わり者ばかりだがハートのある庶民に魅力がある。いかれたスパイク（ウェイルズ人の自称アーティスト）と同居するウィリアムのフラットはポートベロロードに直交するウェストボーンパークロードにあり、ドアが青いペ

ウィリアムとスパイクのフラット

マクスとベラの家

ンキで塗られていた。映画公開後、観光客が押しかけ、記念にドアのペンキをはがして持ち帰ったりするので、家主は青いドアを競売にかけて売ってしまった。

ノティングヒルは異文化が交錯し共存する場所である。ウィリアムの友人マクスとベラ夫妻の家は静かな住宅街ランズダウンロードにある。この家で開かれた誕生パーティーで、一切れのブラウニーを賭けて、誰が一番不幸か競い合う場面がいい。ノティングヒルゲイト駅のある表通りからパレスガーデンズテラスという横道に入ると、道の中央が並木で、両側にフラットがずらりと並んでいる。ランズダウンロードはパステルカラーの家が多いが、この通りは白亜の家ばかりだ。マクスウェルの旧居もそうだ。マクスウェルは一八六〇年から一八六六年までこの家に住んだ。マクスウェルのもっとも実りある時期で、重要な仕事はここで行われた。電磁気学だけでなく、気体分子運動論、三原色の理論、カラー写真の原理の研究もここで行われた。マクスウェルは屋根裏部屋につくった実験室で色覚と

パレスガーデンズテラス旧居

粘性率の実験をしたが、夫人も献身的に実験を手伝った。通りからその屋根裏部屋の窓が見える。

マクスウェルは一八六一年十月十九日にこのフラットからファラデイに宛てて手紙を書いた。「コールラウシュとヴェーバーが測定した電気の静的および磁気的効果間の数値的関係から、私は空気中の媒質の弾性を決定し、それが光のエーテルと同じであると仮定して、横振動の伝搬速度を決定しました。結果は毎秒一九三〇八八マイルです。フィゾーは直接測定から光速度を毎秒一九三一一八マイルとしました。この一致は単なる数値上のことではありません。私はミリメートルで与えられたヴェーバーの値を見る前に田舎で数式を出していました。私の理論が事実であるかどうかはともかく、光の媒質と電磁的媒質は一つであると信じる強い理由があると思っています。」光の電磁波説が生まれた瞬間である。田舎というのは後で述べるグレンレアである。

独仏の物理学者が抽象的、数学的な体系をつくるのに対し、英国の物理学者は具体的な模型を使った。マクスウェルのエーテルも回転する渦からなり、渦の間にボールベアリングのように粒子が埋め込まれている。渦の表面速度を磁場、粒子の流束を電流に対応させた。さらにエーテルの電気分極によって生じる「変位電流」を加えた。このような模型を用いて光の電磁波説に到達したマクスウェルの大胆不敵さに感嘆するほかはない。「物理的力線について」はマクスウェルの天才がほとばしり出たすばらしい論文である。一八六四

ジェイムズ・クラーク・マクスウェル

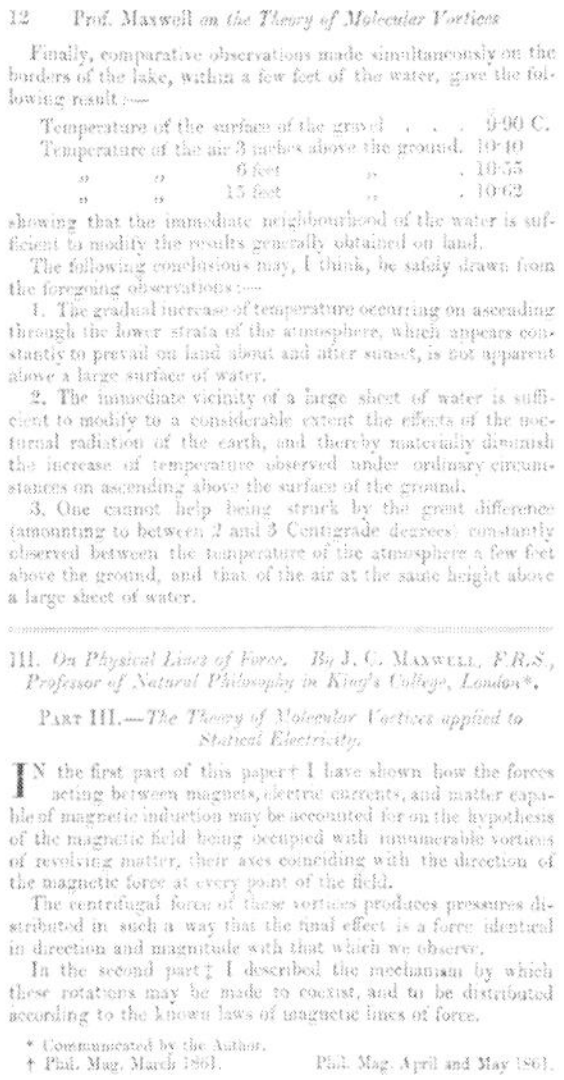
12 Prof. Maxwell on the Theory of Molecular Vortices

Finally, comparative observations made simultaneously on the borders of the lake, within a few feet of the water, gave the following result:—

Temperature of the surface of the gravel	9·90 C.
Temperature of the air 3 inches above the ground.	10·40
" " 6 feet " .	10·55
" " 15 feet " .	10·62

showing that the immediate neighbourhood of the water is sufficient to modify the results generally obtained on land.

The following conclusions may, I think, be safely drawn from the foregoing observations:—

1. The gradual increase of temperature occurring on ascending through the lower strata of the atmosphere, which appears constantly to prevail on land about and after sunset, is not apparent above a large surface of water.

2. The immediate vicinity of a large sheet of water is sufficient to modify to a considerable extent the effects of the nocturnal radiation of the earth, and thereby materially diminish the increase of temperature observed under ordinary circumstances on ascending above the surface of the ground.

3. One cannot help being struck by the great difference (amounting to between 2 and 3 Centigrade degrees) constantly observed between the temperature of the atmosphere a few feet above the ground, and that of the air at the same height above a large sheet of water.

III. *On Physical Lines of Force.* By J. C. Maxwell, *F.R.S., Professor of Natural Philosophy in King's College, London**.

Part III.—*The Theory of Molecular Vortices applied to Statical Electricity.*

IN the first part of this paper† I have shown how the forces acting between magnets, electric currents, and matter capable of magnetic induction may be accounted for on the hypothesis of the magnetic field being occupied with innumerable vortices of revolving matter, their axes coinciding with the direction of the magnetic force at every point of the field.

The centrifugal force of these vortices produces pressures distributed in such a way that the final effect is a force identical in direction and magnitude with that which we observe.

In the second part‡ I described the mechanism by which these rotations may be made to coexist, and to be distributed according to the known laws of magnetic lines of force.

* Communicated by the Author.
† Phil. Mag. March 1861. ‡ Phil. Mag. April and May 1861.

「物理的力線について」第三部

年十二月に王立協会で発表した「電磁場の力学理論」では模型によらず、電磁場とポテンシャルに対する微分方程式を導いた。二十年後にヘヴィサイド、さらに五年後ヘルツがマクスウェルの方程式を整理し現代の形にしたが、本質的な創造がマクスウェルの手になることは言うまでもない。

一八六六年には「気体の力学理論について」を発表している。それは後で述べるようにアバディーン時代に始めた研究を発展させた論文である。多数の分子がランダムに運動する気体に初めて統計的な考え方を適用した。気体は様々な速度を持った分子からなり、その速度は分布関数に従って分布している。「マクスウェル分布」の発見によって統計力学が始まった。王立研究所の講演を聞き終えて大勢の聴衆に混じって研究所を出ようとするマクスウェルをファラデイが見つけた。「おーい、マクスウェル君、君が出られないのかね。混雑の中から抜け出られるのは君ぐらいしかいないんじゃないのかね。」

マクスウェルの曾々祖父ジョン・クラークはエディンバラの南に領地を持つ准男爵で、レイデンのブールハーフェに医学を学び、コレッリの指導を受けて作曲家になり、画家、詩人、建築家でもある多才な人だった。ジョンは保護下にあった姪でマクスウェル家の相続人を自分の次男（マクスウェルの曾祖父）と結婚させたが、財産保全のため、代々長男がクラーク家を相続し、次男がマクスウェル家の領地を相続して姓にマクスウェルを加えるという契約をつくった（ジョンの心配通り次男は投機でマクスウェル家領地のほとんどを失った）。マクスウェルの父は次男として生まれたためクラーク・マクスウェル姓になった。したがって、「クラーク・マクスウェル方程式」が由緒正しい呼び方だが、奇妙な契約がなければ「クラーク方程式」と呼んでいたところだ。

マクスウェルの父ジョン・クラーク・マクスウェルは、エディンバラのインディア通りにある家で怠惰な独身生活を送っていたが、一八二六年に活発なフランシス・ケイと結婚すると、石ころしかない領地に新居グレンレアを建て始めた。領地は南スコットランドの町ダンフリースから三十キロほど西の川岸にある。土地の人に川の名 Urr の発音を訊ねると「アーだよ。簡単だろ」と笑って教えてくれたが、簡単じゃない。

ジェイムズ・クラーク・マクスウェルは、母が出産のために滞在したエディンバラの家で一八三一年六月十三日に生まれた。生家にカメラを向けていたら通りかかった青年が誰の家か訊くので「偉大な物理学者マクスウェルを知らないのか」と言うと、「マクスウェルなんて聞いたこともない。だけど俺のガールフレンドはワットの子孫だぜ」と自慢していた。マクスウェ

グレンレア廃墟

インディア通り生家

ルはまもなくグレンレアに移り住みそこで少年時代を過ごした。八歳で母を亡くしている。十歳のとき生家のすぐ近くの伯母イザベラの家から坂を下った先にあるエディンバラアカデミーに通ったが、生涯を通じて田舎訛りが抜けず、話し方も上手ではなかった。すぐ近くに越してきた同級生のキャンベル（後にマクスウェルの伝記を書いた）や同年齢だが一学年下のテイトと生涯の友人になった。

マクスウェルは一八四七年にエディンバラ大学に進

エディンバラ大学

学し、自然科学だけでなく、話し相手になれない分野はないといわれるほど、あらゆる学問を勉強した。一八五〇年にケンブリッジのピーターハウスに進学したが、卒業後フェロウになるためには競争を避けた方がよいという忠告を受けて、一学期でトリニティーカレッジに移った。トリニティーはため息が出るほど美しいキャンパスである。こういうところで研究できればマクスウェル方程式の三つや四つは朝飯前、ということはないが。

一八五四年の数学卒業試験トライポスでマクスウェルはセカンドラングラーで、シニアラングラーは予想通りピーターハウスのラウス。マクスウェルは独創性では勝っていたが表現が下手だった。スミス賞は二人で分けあった。この試験でストークスが出題した問題は、今日のいわゆる「ストークスの定理」を証明せよ、というもので、トムソン（後のケルヴィン卿）がストークス宛の手紙の追伸で書いていた定理である（公刊した論文としては一八六一年のハンケルが最初である）。この定理がマクスウェルの電磁気学建設にあたって重要な役割を果たしたことは言うまでもない。一八五五年にトリニティーのフェロウになり講義を始めた。マクスウェルはトムソンに研究の方向について助言を求め「ファラデイの力線について」を一八五五―五六年に発表した。この論文で流体力学との類推によってファラデイの「場」の考え方に数学的表現を与えた。いわゆる「アンペールの法則」はこの論文で登場した。トムソンが磁場をその回転密度で表す量として導入したベクトル量を、ファラデイの「電気的緊張状

トリニティーカレッジ

マリシャルカレッジ

態」であるとし、電磁誘導の法則をこのベクトル量の時間微分係数で表した。後にこのベクトル量を「ベクトルポテンシャル」と名づけている。

マクスウェルは、父と兄弟のように仲がよく、病気がちの父を残してスコットランドを離れたくなかった。一八五六年にアバディーンにあるマリシャルカレッジに応募したのはそのためである。だが自然哲学教授に採用が決まったとき父は亡くなっていた。アバディーンはエディンバラから鉄道で二時間半も北上した港町で、中心のユニオン通りにはマクスウェルの下宿した建物が残っているが、一階は菓子店、二階は歯医者になっていた。共存共栄だ。道ばたにショーン・コネリーそっくりの乞食がいたので思わずコインを帽子に投げ入れた。ジェイムズ・ボンドのように諜報活動をしているか、オーウェルのように身をやつして作家を目指しているかもしれないではないか。マクスウェルは一八五七年にケンブリッジのアダムズ賞の課題「土星の輪の運動」にただ一人応募して受賞した。土星の輪

ユニオン通り旧居

が安定して存在するためには輪が無数の粒子から構成されていなければならないというのがマクスウェルの結論である。長岡半太郎はマクスウェルの理論をヒントに原子模型を考えた。

　マクスウェルには幼なじみで知的な美人の従妹リジー・ケイとのロマンスもあったが、近親を理由に家族の反対で結婚できなかった。一八五八年にマリシャルカレッジ校長の娘で七歳年上のキャサリン・メアリーと結婚した。翌年アバディーンで開かれた学会でマクスウェル分布とエネルギー等分配則を発表した。だがアバディーンの二大学、マリシャルカレッジとキングズカレッジが一八六〇年に統合したとき解雇された。しかも年長者を解雇する通例に反して、自然哲学講座は、学問的業績はないが統合の推進者で副校長の年長者を残し、年少のマクスウェルを解雇した。審査委員会に理系委員が一人もいなかった。在職期間が十年未満のマクスウェルには年金を支払わなくて済むことが解雇理由となったという説もある。マクスウェルはエディンバラ大学に応募したが、採用されたのはテイトだった。マクスウェルの教え方は無知な学生には向かないというのが不採用の理由である。熱意あふれる教師と怠け者の学生は永遠に交わらないのだから仕方がない。

　同年マクスウェルはロンドンのキングズカレッジに自然哲学教授の職を得た。こうしてパレスガーデンズテラスに住むようになったのである。キングズカレッジはサマーセットハウスに隣接してテムズ河畔にある。ストランド側から入ると、フランクリン、ゴズリング、

キングズカレッジ・ロンドン

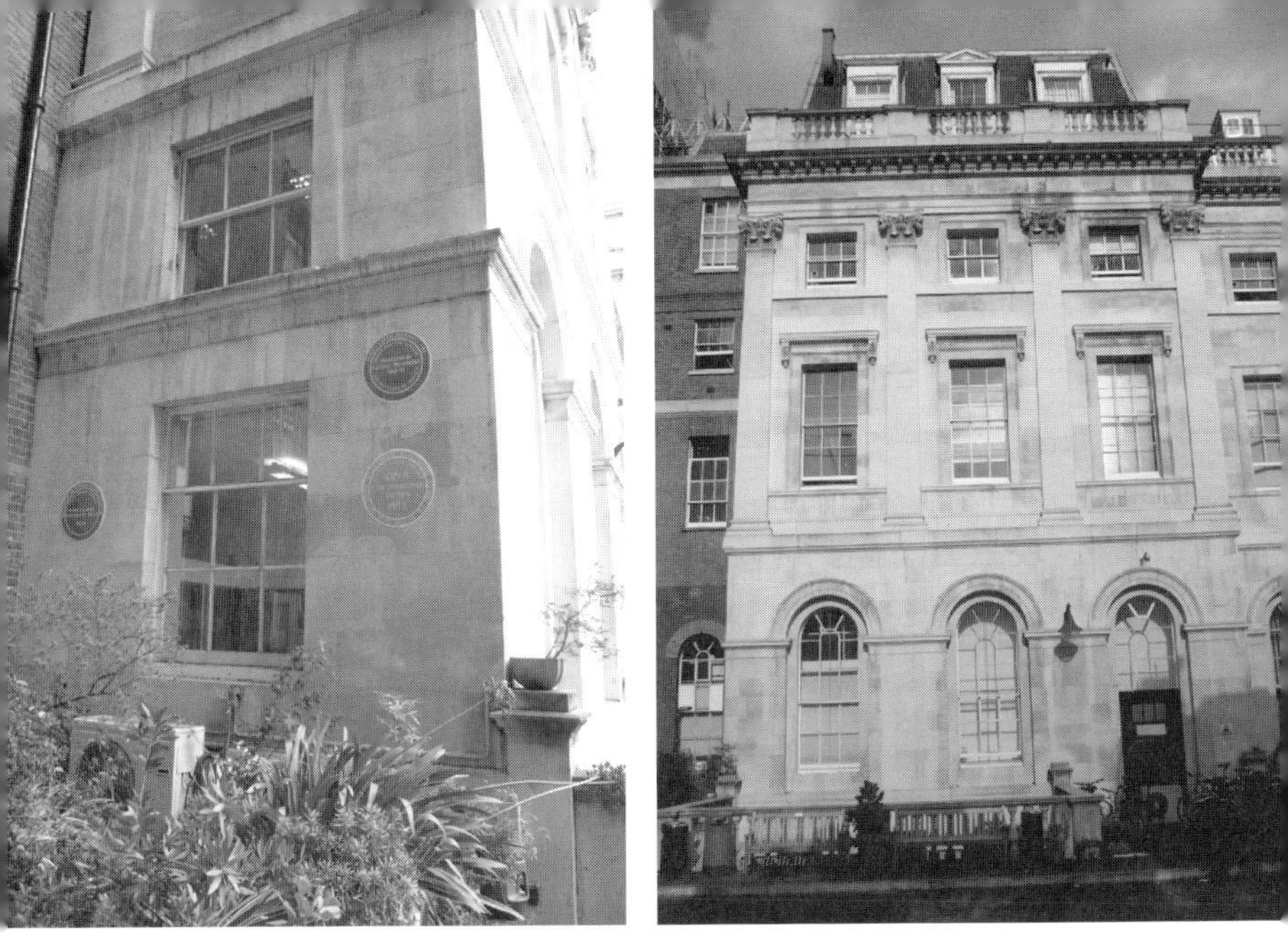

キングズ館

ウィルソン、ウィルキンズ、ストークスによるDNAの研究を記念する銘板、電離層を発見したアプルトンを記念する銘板に並んで、マクスウェルが一八六〇年から一八六五年まで在職したことを記す銘板が壁に取り付けてある。マクスウェルがまだトリニティーの学生だった一八五三年にキリスト教社会主義を唱えたキングズカレッジ神学教授モーリスが危険思想を理由に解雇された。衝撃を受けたマクスウェルは、労働者に高等教育を与えなければならないというモーリスに共鳴し、ケンブリッジ、アバディーン、ロンドンを通して労働者のための講義を退職後の一八六六年まで熱心に続けた。学生よりも労働者に学問への熱意を感じたようである。

マクスウェルは一八六五年にキングズカレッジを辞職し翌年三十五歳でグレンレアに引退した。一八六七年十二月十一日付のテイト宛の手紙に熱力学第二法則のパラドクス「マクスウェルの魔物」が現れた。引退中に書いた『電気磁気論考』は自説を遠慮がちに述べており、矛盾する考え方までもそのまま読者の前に提

旧キャヴェンディシュ研究所（右頁）

示している。一八七〇年の学会講演で自説を「私が好きなもう一つの電気理論」と紹介した。度はずれの謙虚さである。一八七一年にはケンブリッジに新設された実験物理学教授をしぶしぶ引き受け、キャヴェンディシュ研究所を創設し、キャヴェンディシュの遺稿を編集するために全精力を傾けた。キャヴェンディシュ研究所は一九七三年にケンブリッジ西郊に移転したが、マクスウェルが設計した建物がトランピントン通りの裏、フリースクールレインに現存する。二階にはマクスウェル講義室がある。

　マクスウェルは一八七九年十一月五日に亡くなった。四十八歳だった。亡くなった家はトランピントン通りの南端スクループテラス十一である。ところが、テラスハウスの半分を占め、スクループテラスの表示を付けた建築学科で訊いたら、スクループテラスは一から六まででそれ以外はないと言われた。残る半分はホテルになっているが、受付で訊ねたら、住所はトランピントン通りになっているとのことだ。旧住所がスクループテラス七から十二だったのだ。

マクスウェル講義室

記念銘板

マクスウェル墓所/スクループテラス旧居（右頁）

グレンレアの屋敷は一九二九年に焼失し、いまだに廃墟のままである。グレンレアの西に位置するパートンの教会の庭に旧教会廃墟がある。マクスウェルはその中に両親と妻とともに眠っている。パートンを訪れたとき村の郵便局長サム・カランダーと親しくなった。郵便局といっても雑貨店を兼ねた小さな店である。サムが中心となって一九八九年に教会の前につくった記念碑には「彼の短い生涯は物理科学の全分野、熱、光、力学に対する顕著な寄与において崇高であった」と書

パートン村郵便局

パートン教会とマクスウェル記念碑

かれている。

サムはぼくのためにマクスウェル旧居を使っているホテルに電話してくれたことがあるが、ホテルの支配人がマクスウェルの名さえ知らないことに腹を立てていた。ニュートン、アインシュタインと並ぶ偉大な物理学者の名が一般に知られていないことは驚くばかりだ。一九六〇年に王立協会創立三百年を祝う式典があったがエリザベス女王は式辞でマクスウェルの名を挙げなかった。マクスウェルがアバディーンにいた一八五七年に学会を開催できる会議場を建設するため資金が募られた。マクスウェル分布を発表した学会である。出資者は毎年わずかの配当を受け取った。一九二〇年に「マクスウェルという人物を知っている人はいないか」という新聞広告が出た。マクスウェルを知る人が広告主に理由を問いただしたところ、広告主は、毎年マリシャルカレッジのマクスウェル宛に配当を送付してきたが、いつも「宛先人不明」で送り返されてきたからだ、と説明した。ユニオン通りにある会議場の建物はミュージックホールになっていた。

ラーグスの喫茶店

ケルヴィン

William Thomson

山田風太郎の小説集『明治波濤歌』の中に「からゆき草紙」という作品がある。樋口一葉の本郷丸山福山町時代を背景に、虚実入り乱れた人物が登場する奇想天外な小説だ。舞台は本郷真砂町。本郷は一葉ゆかりの地である。赤門前の法真寺参道脇に四歳から九歳まで少女時代を過ごした家があった。「かりに桜木のやどといはばや、忘れがたき昔しの家にはいと大いなるその木ありき。」本郷三丁目の交差点には一葉も買い物に来たことがある小間物屋「かね安」や菓子舗「藤むら」が古いのれんを守っている。菊坂通りを下ると一葉が通った旧伊勢屋質店の土蔵も残っている。菊坂通りの下道にあった一葉旧居前では今でもポンプ式井戸が使われている。菊坂通りを過ぎると白山通りに出る。代表作のすべてを書き終焉の地となった丸山福山町の旧居跡には記念碑が立っているが、隣家の銘酒屋をモデルにした『にごりえ』の冒頭で「おい木村さん信さん寄つてお出よ、お寄りといつたら寄つても宜いではないか、又素通りで二葉やへ行く気だらう、押かけて行つて引ずつて来るからさう思ひな」などという

ケルヴィン川

酌婦の客引きの声を思い起こさせるものは何もない。そこから善光寺坂を上り伝通院の前で左折すると歌塾萩の舎跡に出る。

一葉旧居のあった菊坂の路地の突き当たりに階段がある。真砂町はその階段を上ったあぶみ坂界隈である。このあたりに怪しげな占い師の本部があった。この男は借金を申し込んだ一葉に卑劣な要求をした「笑うにたえたるしれもの」である。「からゆき草紙」は萩の舎の塾生が占い師の隣の料亭で歌の納会を開いているところから始まる。物語の詳細は読んでのお楽しみだが、占い師の末路は胸がすく思いだ。研究者や評論家の一葉論はこんなにすかっとした気持ちにさせてくれない。平塚らいてふは「一葉には一葉自身の思想がない。問題がない。創造がない。……彼女の生涯は否定の価値である。矢張り彼女は「過去の日本の女」であった」と決めつけている。ぼくはらいてふに真っ向から反対である。「我が血をもりし此ふくろの破れざる限り我れはこの美を残すべくしかしてこの世ほろびざる限りわが詩は人のいのちとなりぬべきなり。」一葉のつくりだした美しい日本語の世界を愛する人が絶えることはない。

物理学科三年生のときだ。学生実験が遅くなったため終電車の時間が過ぎてしまった。電車といっても都電のことである。本郷三丁目から春日町まで乗り、そこから乗りかえて護国寺前で降りていた。一葉を思い浮かべながら、菊坂から伝通院を通って下宿まで真っ暗な本郷の町を駆け抜けた。へとへとになって帰り着いた下宿の部屋のおんぼろラジオから聞こえてきた音楽に取りつかれてしまった。それがモーツァルトとの出合いで、それからはお定まりのモーツァルト詣である。グラスゴウを訪れたのもそのためだ。読者はやっとケルヴィンと関係がありそうだとわかってほっとされたことだろう。書いているぼくはなおさらだ。

グラスゴウはスコットランドのクライド河畔にある工業都市である。ロンドン、ブダペストに次いでヨーロッパで三番目につくられた地下鉄は今でも環状に走っている。ケルヴィン橋駅で降りてみよう。ケルヴィン橋はクライド川に流れ込む支流ケルヴィン川にかか

グラスゴウ大学

る橋である。川沿いの美しい散歩道はそのまま広大なケルヴィングロウヴ公園になる。公園を見下ろすギルモアヒルにそびえる美しい建物がグラスゴウ大学である。もとは旧市内のスラム街にあったが、一八七〇年以降に現在の場所に移ってきた。公園を突っ切り、ケルヴィン川を渡って大学の南門から坂を上がっていくと左手に物理の建物ケルヴィン館がある。その先に大学本館、その北側に付属ハンター美術館がある。

ハンター美術館はホイッスラーの蒐集で有名だが、お目当ての画は一枚、モーツァルトの妻コンスタンツェの肖像画である。モーツァルトは、熱烈に恋したアロイジア・ヴェーバーにふられて、アロイジアの妹のコンスタンツェと結婚した。アロイジアと結婚したヨーゼフ・ランゲは素人画家で、モーツァルトを描いた未完の画が有名だが、コンスタンツェを描いた画がグラスゴウ大学所蔵になっている。モーツァルトの息子がチェコの音楽家ザヴェルタルに贈与したモーツァルトの遺品を、指揮者としてグラスゴウに定住したザヴ

コンスタンツェ・モーツァルト

ケルヴィン館

ェルタルの息子が大学に遺贈した、と画の説明に書いてあった。

ケルヴィンは五十三年間グラスゴウ大学教授を務めたが、生まれは北アイルランドである。ベルファストの南に美しいキャンパスを持つクイーンズ大学がある。マクスウェルの親友で、後にケルヴィンとの共著『自然哲学論考』を書いたテイトはこの大学で一八五四年から一八六〇年まで数学教授をしていた。大学の南にある付属植物園入口にケルヴィンの銅像が立っている。

クイーンズ大学

大学からまっすぐ北に歩いていくとカレッジスクエアイーストという通りに王立ベルファスト学院がある。ウィリアム・トムソンは道路を隔てて王立学院の前にあった家で一八二四年六月二十六日に生まれた。現在は生家跡の建物の壁に青い銘板が取り付けてあるだけだ。父ジェイムズはベルファストの西南五十キロにある農家の生まれだが、独学で、二十四歳のときグラスゴウ大学に入学し、四年後に卒業して新設の王立学院数学教授になった。王立学院は現在はグラマースクー

ケルヴィン銅像

王立ベルファスト学院

ルだが、一八四九年にクイーンズ大学が開校するまでは大学の機能も持っていた。王立学院の守衛に、中に入って写真を撮ってもいいかと訊いたら、守衛は「もちろんいいが、ここの授業料は高くてなあ」と言っていた。ちょうど新学期が始まる日で、始業の鐘の音が鳴っているのにまだ駆け込んでくる生徒が何人かいる。カメラを向けたら生徒の一人がつまずいて転んでしまった。

トムソンは六歳になる前に母を失ったので父に育てられた。八歳のとき父はグラスゴウ大学数学教授として赴任した。ベルファストとグラスゴウは言葉も習慣もよく似ている。スコットランド人の多くはアイルランドからやってきた。グラスゴウ駅には英語とゲイル語の表示がある。トムソンは十歳でグラスゴウ大学に入学した。一八四〇年に天文学教授ニコルに紹介されたフーリエの『熱の解析理論』は生涯にわたる影響をトムソンに与えた。エディンバラ大学のケランドが著書で「フーリエはほとんどすべて間違っている」と書

カレッジスクエアイースト生家跡

ピーターハウス

いているのを見てフーリエが正しいことを証明する処女論文を書いた。十六歳だった。翌年の第二論文もケランドの誤りを正すものだが、第三論文の中で熱伝導と電気力の間に類似を示唆する独創的な考えを述べている。

その一八四一年十七歳でケンブリッジのピーターハウスに進学した。一八四五年の数学卒業試験トライポスでセカンドラングラーだったがスミス賞では首席を得た。九年後のマクスウェルと同じ成績である。卒業するとすぐパリに留学したが、出発直前にグリーンが私費出版したまま埋もれていた論文を指導教師ホプキンズから入手し、パリの数学者たちを驚嘆させた。フーリエとグリーンはトムソンの研究の支柱になった。帰国後二十二歳の誕生日にフランスの数学誌に投稿した論文は、現代の大学一年生が必ず勉強する鏡像法についてだが、原論文は現代の教科書とは異なり、きわめて数学的、普遍的である。トムソンは、球に関する鏡像の位置への座標変換のもとで、ラプラース方程式が不変であることを使っている。現代の用語では共形変換に関する不変性である。ベイトマンとカニンガムがトムソン変換を時空の四次元に拡張しマクスウェル方程式の共形不変性を発見したのは二十世紀になってからである。

トムソンはこの一八四六年に二十二歳でグラスゴウ大学自然哲学教授に選ばれた。父はトムソンがその職を得るようあらゆる手を尽くした。父の行動は現代では縁故採用のそしりを受けるだろうが当時の事情は異なっていた。一八四九年に亡くなった父の後任としてトムソンが選んだのはケンブリッジ以来の親友でパリにも同行したヒュー・ブラックバーンである。ブラックバーンはマクスウェルとも幼なじみでマクスウェルの従姉ジマイマと結婚した。ブラックバーンが一生の間に学術雑誌に発表した論文は教授就任前の一編しかないが教師として尊敬されていた。当時のスコットランドの大学では研究者よりも学生の水準にあった教師が求められていた。

　トムソンが教授に着任したのは十一月一日だが、二十八日の日記に「午後十時十五分、電気、磁気および電流力の力学的運動学的表現を導くことについに成功した」と書いた。そして午前二時四十五分までに完成した四頁足らずのきわめて数学的な論文で、電気力や重力をスカラー量の勾配で表したグリーンのポテンシャルを拡張し、史上初めて磁気力をベクトル量の回転密度で表した（この一か月後には磁気力のエネルギー密度を発見している）。トムソンは翌年六月十一日にファラデイに宛てた手紙の中で「私が書いたのは数学的類推の素描に過ぎません。それを電気力と磁気力の伝搬の物理理論――結果として電気力と磁気力の関係を表し、純粋に静的な磁気現象がいかにして運動する電気から、あるいは磁石のような運動しない質量から生じるのかを示す理論――の基礎とする可能性を暗示することさえ敢えてしませんでした。もしそのような理論が発見されれば、光の波動論に関係して考えると、それによって偏極光に対する磁気効果も説明されることがおおいにありそうです」と書いている。二十二歳のトムソンの洞察力に驚かされる。みずから発見したベクトル量の時間微分係数を電気力に加えれば電磁気学は完成していた。だが、トムソンは二度とこの論文

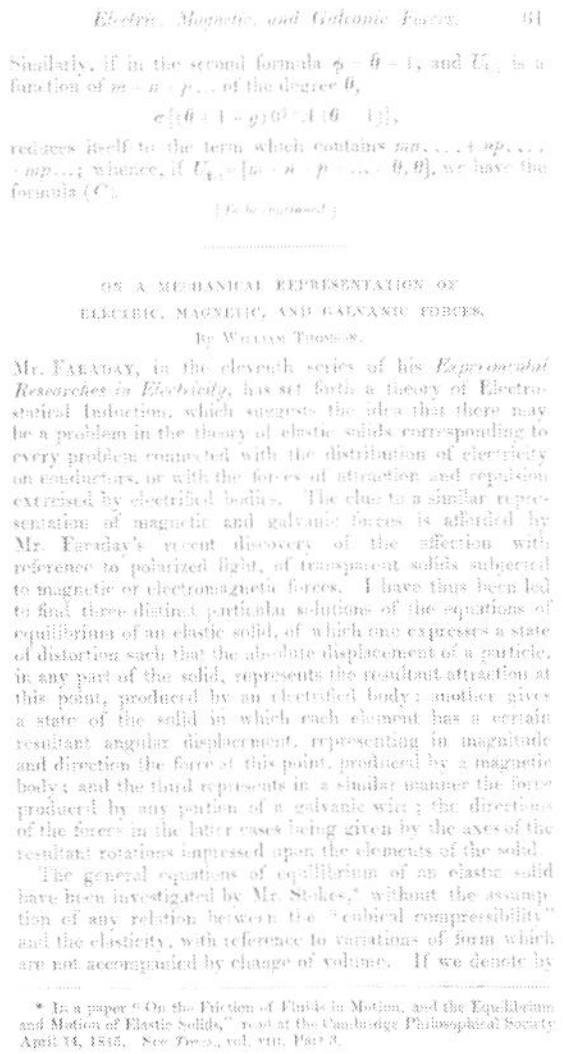
Electric, Magnetic, and Galvanic Forces. 61

(To be continued.)

ON A MECHANICAL REPRESENTATION OF ELECTRIC, MAGNETIC, AND GALVANIC FORCES.

By William Thomson.

Mr. Faraday, in the eleventh series of his *Experimental Researches in Electricity*, has set forth a theory of Electrostatical Induction, which suggests the idea that there may be a problem in the theory of elastic solids corresponding to every problem connected with the distribution of electricity on conductors, or with the forces of attraction and repulsion exercised by electrified bodies. The clue to a similar representation of magnetic and galvanic forces is afforded by Mr. Faraday's recent discovery of the affection with reference to polarized light, of transparent solids subjected to magnetic or electromagnetic forces. I have thus been led to find three distinct particular solutions of the equations of equilibrium of an elastic solid, of which one expresses a state of distortion such that the absolute displacement of a particle, in any part of the solid, represents the resultant attraction at this point, produced by an electrified body; another gives a state of the solid in which each element has a certain resultant angular displacement, representing in magnitude and direction the force at this point, produced by a magnetic body; and the third represents in a similar manner the force produced by any portion of a galvanic wire; the directions of the forces in the latter cases being given by the axes of the resultant rotations impressed upon the elements of the solid.

The general equations of equilibrium of an elastic solid have been investigated by Mr. Stokes,* without the assumption of any relation between the "cubical compressibility" and the elasticity, with reference to variations of form which are not accompanied by change of volume. If we denote by

* In a paper "On the Friction of Fluids in Motion, and the Equilibrium and Motion of Elastic Solids," read at the Cambridge Philosophical Society April 14, 1845. *New Trans.*, vol. VIII. Part 3.

「電気、磁気、電気力の力学的表示について」

ウィリアム・トムソン

に戻ることはなかった。「そのような理論」を発見したのはマクスウェルである。

　トムソンはその一八四七年六月にオクスフォードの学会でジュールの講演を聴いたとき感銘を受けた。もっともそのときは仕事と熱が変換可能な等価な量であるというジュールの考え方に同意しなかった。トムソンは一八四八年に書いた論文でカルノー理論に基づいて絶対温度を導入したが、熱量は保存されると考えていた。トムソンがジュールのエネルギー保存の考え方に転向したのは一八五一年になってからである。その論文で「物体の一部分を周囲の物体の最低温度以下に冷やすことによって力学的効果を引き出すことは不可能である」と述べている。熱力学第二法則の一つの表現「トムソンの原理」だがクラウジウスの後塵を拝した。また一八六五年にクラウジウスが熱力学第二法則を定式化するため導入したエントロピーをトムソンは認めようとしなかった。

　トムソンは一八五三年にエネルギー保存則を用いて、現代の回路の方程式を導き電気振動が可能であることを理論的に証明した。鮮やかな論文である。トムソンが導いた電気振動の周期はもちろん現代と同じである。この回路を用いてヘルツが電磁波を発見することになる。ところが一八五六年の論文でトムソンは同軸ケーブルを伝わる電位に対して電気容量と抵抗だけを考慮してフーリエと同じ拡散方程式を得た。ヘヴィサイドが自己インダクタンスを考慮して電位の満たす波動方程式を導き、トムソンが自分の誤りを認めたのはずっと後のことになる。大西洋横断海底ケーブルはトムソンの理論に基づいていた。一八六六年に海底ケーブル

イートンプレイス旧居

敷設の功績に対してナイトの称号を授けられ、一八九二年には貴族に列せられて「ラーグスのケルヴィン男爵」になった。ラーグスはトムソンが建てた城のような屋敷ネザーホールがある町の名である。トムソンのまた従妹で詩人でもあった妻のマーガレットは病弱で一八七〇年に亡くなるまで十七年間トムソンの心労が続いた。ラーグスにネザーホールを建て始めたのはファニーと再婚した一八七四年になってからである。トムソンは一九〇〇年にロンドン市内のイートンプレイスにも住居を購入した。

トムソンは徹底的にフーリエにこだわった。地球の年齢に関する論争はあまりにも有名である。トムソンは一八六三年の論文「地球の永年冷却について」でフーリエの熱伝導方程式を用いて地球の年齢を計算し約一億年を得た。これでは進化論が成り立たないからダーウィンは困り果てた。この矛盾の解決は、放射能が熱源になっていることがわかった二十世紀になってからである。一九〇四年に若きラザフォードがトムソンの前で恐る恐る講演したが、動じるトムソンではなかった。それ以前の一八九四年にもトムソンに叛旗を翻した物理学者がいた。かつてトムソンの助手だったジョン・ペリーである。

一葉が赤門前の「桜木のやど」に住んだのは明治九年四月から十四年七月までだがペリーは時期が重なる明治八年九月から十二年三月まで、お雇い外国人として東京大学に勤務していた。赤門前で二人はすれ違っていたに違いない。トムソンは自分の弟子たちを日本に送り込んでいたがペリーもその一人である。ペリーはフィッジェラルドとともに数少ないヘヴィサイドの親友で、二人はヘヴィサイドを経済的に助けるために奔走した。ヘヴィサイドが王室下賜年金を支給されたのは二人の尽力による。ペリーは権威を恐れず言いたいことを言う人だったから、地球内部が一様ではないとすれば地球の年齢は数十億年にもなる可能性を指摘してトムソンに再考を迫った。このときヘヴィサイドはペリーの計算の手助けをしている。トムソンは弟子の挑戦を一蹴した。

トムソンは一八九六年教授就任五十周年記念祭の祝辞に答えて「私が五十五年間行ってきた努力を特徴づけるのは「失敗」の一語です」と述べて聴衆を驚かせたが、「努力する必要性はたくさんの「もがき苦しむ喜び」をもたらすものです」と付け加えた。一九〇〇年には王立研究所における講演で十九世紀物理学の行く手に現れた（やがて相対論と量子論になる）二つの暗雲（エーテル中の地球の運動とエネルギー等分配則の問題）を論じた。だがトムソンは、最後まで、マクスウェル理論さえも承認しないまま古典物理学に殉じた。一九〇七年十二月十七日にラーグスのネザーホールで亡くなり、ウェストミンスター寺院にあるニュートンの墓の隣に埋葬された。グリーンの記念銘板が並んでいる。

ラーグスはグラスゴウから列車で一時間ほど西に行った海岸にある。小さな町とたかをくくったのがいけなかった。ケルヴィン通りに行ってみたがネザーホールなどない。通りかかった老紳士は「すぐそこだよ」と言う。子供連れの女性は「徒歩では無理よ」と言う。

ネザーホール

ケルヴィン紋章

病院の受付の女性も同じ答である。そこでタクシーを呼んでもらった。ところが着いたのは隣町の丘の上にあるケルバン城。グラスゴウ伯爵所有のスコットランドでももっとも古い城の一つである。「ケルヴィン屋敷に行きたかったんだけれど……」と言うと、運転手は「ケルヴィン？　ケルバンじゃないのか。わっはっはっ」とハンドルをたたいて大笑いするではないか。運転手は引き返してネザーホールに連れていってくれたが、途中ずっと「ケルヴィン、ケルバン、ケルヴィン、……」と繰り返すのには閉口した。仲間にも無線で知らせて嬉しそうだ。最初に道を教えてくれた老紳士が正しかった。海岸沿いの道路脇にケルヴィンの廐舎跡がありネザーホールはそこから坂を上った丘の上にあった。かつてはあたり一帯がケルヴィンの敷地だったのだろうが、現在は分譲されたたくさんの家が建てられている。ネザーホールもフラットとして使われ数家族が住んでいる。ケルヴィンを思い起こさせるのは壁に刻まれた紋章だけである。

ラーグス駅に戻ったら目の前で列車が出てしまった。そこで駅前の喫茶店でお茶とお菓子だ。本や菓子や雑貨が並んでいる居心地のいい空間である。客はミス・マープルみたいな淑女ばかりでうわさ話に夢中である。お賑やかなことだ。明日になったら彼女たちの話題は決まっている。「ねえ、昨日ちょっと様子のいい日本人がこの店にいたでしょ。ケルヴィン屋敷に行くのを間違えてケルバン城に行ったっていうじゃないの。日本人はvとbを区別できないらしいのよ。気の毒ねえ。」

ほかほかのパン

ネーター

Emmy Noether

ユグノー記念碑

「貴婦人の評判は、これを手に入れようと思つてやつた決闘の数に正比例してゐる。例へばクールタヴェール夫人の今の愛人は、競争者を二人まで殺して初めて成功したので、この夫人は可哀さうなポムランド伯爵夫人よりも遥かに美人だといふことになる。ポムランド夫人はただ一回しか決闘を起させたに過ぎない。それも擦り傷で一方はすぐ諦めてしまつたからである。」プロスペール・メリメの歴史小説『シャルル九世年代記』（石川剛・石川登志夫訳、岩波文庫）の一節だ。

メリメはフレネールの十五歳下の従弟である。メリメの父レオノールはブロイ村出身でフレネールの伯父にあたる。同じ家で生まれたフレネールの父親がわりになった人だ。フレネールが夭折したのは一八二七年だが、メリメはその二年後にこの小説を発表した。主人公のベルナール・ド・メルジーは、美しい伯爵夫人が前を通るとき微笑みながら落とした手袋を拾わなかったために、手袋を拾った男に侮辱されて決闘せざるを得なくなり、相手を殺してしまう。中世の人々が命をかけたのは恋愛だけではない。現代では考えられないほど宗教に命をかけた。『シャルル九世年代記』は新旧両教徒の闘争の中でももっとも凄惨な一五七二年の事件を背景にしている。新教のベルナールと旧教に改宗した兄ジョルジュが、血みどろの争いに巻き込まれ、クライマクスのサンバルテルミーの虐殺に遭遇するドラマを描いている。

「旧教徒も新教徒も自己の信仰する以外の宗教を奉ずる者を、悪魔外道の如くに考へ、旧教徒は新教徒をユーグノー（乞食野郎）と罵れば、新教徒はパピスト（教皇の走狗）とやりかへしてゐたから、各地に血腥い闘争が行はれた。新教徒の多い南フランスでは旧教徒を虐殺し、寺院を焼き払ふやうな事件が頻発し、一方旧教に熱心なギュイーズ公は、納屋で礼拝してゐた多数の新教徒を鏖殺しにした。かくて遂に新旧両教徒の確執はその極に達し、宗教的内乱を誘致するに至つた。」フランスの新教徒はカルヴァン教徒である。ドイツ語のアイトゲノッセ（誓約仲間）"Eidgenosse"のジュネーヴなまり"eyguenot"をユグノーの語源とする説が有力だ。ユグノーがドイツ語化して「フーゲノッテン」になったがもともとドイツ語だった。チューリヒのETHは連邦工科大学と訳すが、Eはアイトゲノッセを表す。アインシュタインはETHの学生時代数学の講義をさぼって後で悔やむことになる。

ユグノー戦争はフランス全土を巻き込み十六世紀の終わりまで続いたが、ユグノー軍の盟主だったアンリ・ド・ナヴァールが即位してアンリ四世となり、旧教に改宗した後、一五九八年にナントの勅令を発してユグノーに信仰の自由を与えた。だが、その後もユグノーに対する弾圧は絶え間なく続き、ルイ十四世は一六八五年にナントの勅令を廃止してユグノーを徹底的に弾圧した。ユグノーは自営農民、手工業者が多く、産業の担い手だったから、フランス経済は壊滅的な打撃を受けた。ユグノーの大量亡命によって政治的、経済的危機が訪れ、フランス革命の遠因になる。ユグノーはオランダ、英国、スイス、ドイツなどの亡命先で産業発展の先頭に立った。

一六八六年五月十七日にシャンパーニュからジュネ

フーゲノッテン教会とヘルツ記念碑

ーヴを経て亡命してきた六人のユグノーがエルランゲンに到着し、翌年末までに亡命者は数百人にもなった。南ドイツの寒村に過ぎなかったエルランゲンはユグノーを受け入れたことから大きく発展することになる。エルランゲン駅を降りるとすぐ目に入るのがフーゲノッテン教会である。創立はユグノー到着の年である。教会前のフーゲノッテン広場はバスターミナルとして使われる市の中心だが、当時はフランス語でプラース・ドヴァン・ル・タンプル（教会前広場）と呼んでいた。フーゲノッテン教会の隣にユグノーの建てた古い家があるが、ぼくはその二階に下宿したことがある。

フーゲノッテン広場に直径一メートル以上もある大理石の球が水上で回転する記念碑がある。エルランゲン大学の献身的な医学教授ヤーコプ・ヘルツの銅像が立っていた場所である。ヘルツは名誉市民になり、没後ユダヤ人としてドイツ史上初の銅像が建てられたがナチによって破壊された。銘板に「市民は一八七五年に銅像を建て一九三三年にそれを破壊した。市民はそのことを忘れない」と書かれている。フーゲノッテン広場から中央通りを少し行くとシュロス広場に出る。シュロス広場の敷石に埋め込まれた銘板には「一九三三年にここで本が焼かれた」と書かれている。ナチ学生同盟が学長と市長の臨席のもとに歴史学教授の指導で「非ドイツ的」書籍を炎に投じた場所だ。シュロスは一七四三年に創立されたエルランゲン大学本館として使われている。広大で美しいシュロス庭園の中にピラミッド型に重なった巨大なフーゲノッテンの群像がある。一七〇六年につくられた。

中央通り生家

エミー・ネーターは一八八二年三月二十三日にフーゲノッテン広場とシュロス広場を結ぶ中央通りに今も残るアパートで生まれた。両親とも裕福なユダヤ人一家の出身である。父マクスはエルランゲン大学数学教授だった。エミーが十歳のとき一家はニュルンベルク通りに移ったがアパートは取り壊されデパートになっている。フリードリヒ通りとファール通りの角にはエミーが一八八九年から一八九七年まで八年間通った市立高等女学校の建物が残っている。その後身はシラー

旧市立高等女学校

マリーテレーゼギムナジウム

通りに移りマリーテレーゼギムナジウムになったが現在は共学である。エミーはダンスが好きな普通の女学生で数学に興味を持ったのはずっと後のことである。一九〇〇年四月にアンスバッハで試験を受けて英語とフランス語の教職資格を得た。

　エルランゲン大学は一八九八年に「女子学生を受け入れることは学問的秩序を放棄することである」と言っていた。一九〇〇年に女子聴講生が認められるようになったが登録したのはエミーを含む二名のみだった。

エルランゲン大学と焚書記念銘板

エミーは一九〇三年七月十四日にニュルンベルクにある王立実業ギムナジウム（現在のヴィルシュテターギムナジウム）で卒業資格試験を受けた。一九〇三年九月二十一日にはバイエルンで女子学生が正規に認められたが、エミーはその冬学期にゲッティンゲンで聴講生としてシュヴァルツシルト、ミンコフスキー、ブルーメンタール、クライン、ヒルベルトの講義を聴いた。一九〇四年十月二十四日にエルランゲン大学に入学した。一九〇七年十二月十三日にパウル・ゴルダン（駅近くのゲーテ通りに一八九〇年から一九一二年まで住んだ旧居がある）のもとで不変式論に関する論文によって博士の学位を得たが教授資格を得る道は閉ざされており、八年もの間無給で、研究を進めるかたわら、学生の指導をし、ゼミナールと演習を受け持ち、父の代講をするようになった。

転機は一九一五年、エミー三十三歳のときに訪れた。エミーは四月末にヒルベルトの招きでゲッティンゲン大学に移ったが、それは一般相対論が完成する直前の、物理学の歴史においてもっとも刺激的なときだった。アインシュタインは一九〇七年から一般相対論のために苦闘してきた。「一般共変性」と「等価原理」という基本原理はすでに得ていた。それにもかかわらず一般共変な重力場の方程式を導くことができない。一九一五年六月末に一週間ゲッティンゲンを訪れたアインシュタインは一般相対論に関する六つの講義を行ってヒルベルトにその正しさを納得させた。アインシュタインが最後のステップを踏み始めたのは十一月になってからである。すでにヒントはあった。ＥＴＨ在職中の一九一二―一四年にＥＴＨの級友で同僚になっていたグロースマンからテンソル解析を学んだ。二人の共著論文は物理部と数学部からなりそれぞれの名で書かれている。グロースマンはリーマンの曲率テンソルの重要性を適切に指摘しているのに、アインシュタインはそれから得られるはずの重力場の方程式を発見していない。学生時代にさぼったつけがまわったのか。いずれにしても一九一五年十一月に入って四週連続で立て続けに論文を発表し二十五日の第四論文でやっと正

ゴルダン旧居

しい重力場の方程式に到達した。ところがヒルベルトは五日前の二十日に同じ方程式を発表していた。

最近でも先取権に関して議論があるが、このドラマは物理と数学の巨人がそれぞれの思考を追求したもので先取権は些末な事柄である。同じ方程式といってもそれに至る経緯はまったく違う。アインシュタインが物理的、帰納的であるのに対し、ヒルベルトは数学的、演繹的である。ヒルベルトは変分原理を使った。一般座標変換に関して不変な作用から出発すれば一般共変な重力場の方程式は自動的に得られる。このとき困った問題が生じた。エネルギー保存則がうまく導けないのである。そこでゲッティンゲンにやってきたエミーに相談した。こうしてエミーの論文「不変変分問題」が書かれることになった。一九一八年にクラインがゲッティンゲン科学協会でその論文を口頭発表した。科学協会は女性の入会を拒否していたからである。

エミーの論文は物理にとって基本的かつきわめて重要な定理をもっとも一般的に述べたものである。それは二つの定理からなる。定理Iは、任意の個数の補助

ゲッティンゲン大学数学教室

変数を含む変換に対して不変な積分量があるとき、同じ個数の保存量が存在するというものである。定理IIは任意の個数の関数を含む変換に対して不変な積分量があるとき、同じ個数の恒等式が得られると言っている。定理IIがヒルベルトの質問に答えたもので、ゲージ変換や一般座標変換における保存則の意味を明らかにした。一般相対論の場合は「ビアンキ恒等式」として現れる。

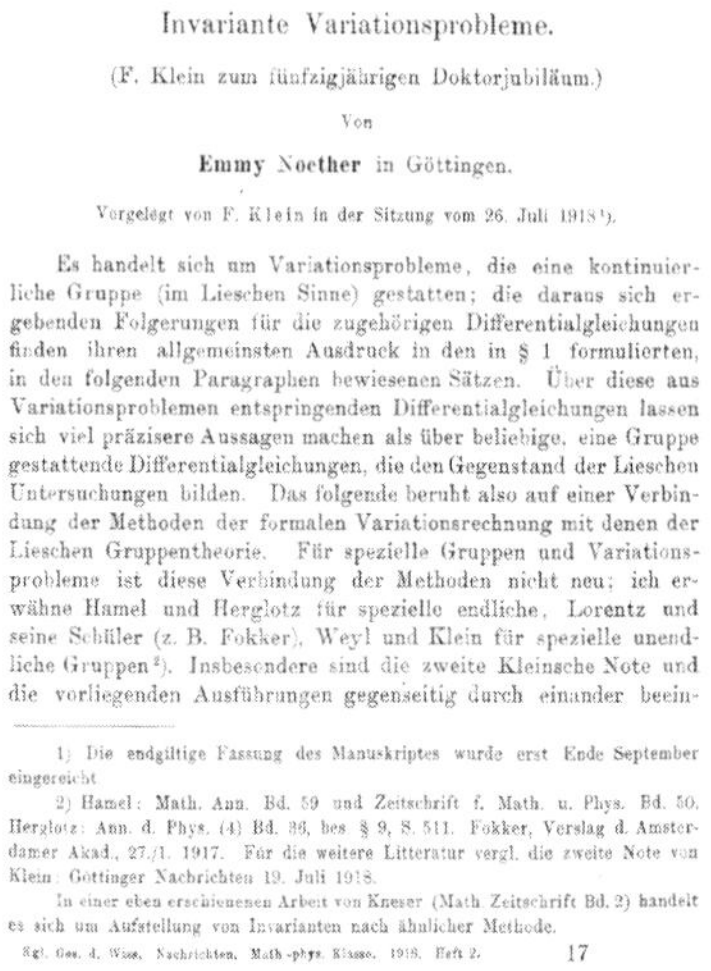

Invariante Variationsprobleme.

(F. Klein zum fünfzigjährigen Doktorjubiläum.)

Von

Emmy Noether in Göttingen.

Vorgelegt von F. Klein in der Sitzung vom 26. Juli 1918[1].

Es handelt sich um Variationsprobleme, die eine kontinuierliche Gruppe (im Lieschen Sinne) gestatten; die daraus sich ergebenden Folgerungen für die zugehörigen Differentialgleichungen finden ihren allgemeinsten Ausdruck in den in § 1 formulierten, in den folgenden Paragraphen bewiesenen Sätzen. Über diese aus Variationsproblemen entspringenden Differentialgleichungen lassen sich viel präzisere Aussagen machen als über beliebige, eine Gruppe gestattende Differentialgleichungen, die den Gegenstand der Lieschen Untersuchungen bilden. Das folgende beruht also auf einer Verbindung der Methoden der formalen Variationsrechnung mit denen der Lieschen Gruppentheorie. Für spezielle Gruppen und Variationsprobleme ist diese Verbindung der Methoden nicht neu; ich erwähne Hamel und Herglotz für spezielle endliche, Lorentz und seine Schüler (z. B. Fokker), Weyl und Klein für spezielle unendliche Gruppen[2]. Insbesondere sind die zweite Kleinsche Note und die vorliegenden Ausführungen gegenseitig durch einander beein-

1) Die endgiltige Fassung des Manuskriptes wurde erst Ende September eingereicht.

2) Hamel: Math. Ann. Bd. 59 und Zeitschrift f. Math. u. Phys. Bd. 50. Herglotz: Ann. d. Phys. (4) Bd. 36, bes. § 9, S. 511. Fokker, Verslag d. Amsterdamer Akad., 27./1. 1917. Für die weitere Litteratur vergl. die zweite Note von Klein: Göttinger Nachrichten 19. Juli 1918.

In einer eben erschienenen Arbeit von Kneser (Math. Zeitschrift Bd. 2) handelt es sich um Aufstellung von Invarianten nach ähnlicher Methode.

Kgl. Ges. d. Wiss. Nachrichten. Math.-phys. Klasse. 1918. Heft 2. 17

「不変変分問題」

　対称性と保存則の関係を明らかにしたネーターの定理の重要性ははかりしれない。エネルギー保存則は、ネーターの定理Iによって、時間に関する並進対称性から導かれる。運動量保存則は空間の並進対称性から、角運動量保存則は空間の回転対称性から導かれる。一九二一年にベッセル＝ハーゲンがいちはやくネーターの定理を取り上げ、マクスウェル方程式に対して、共形不変性を含むすべての対称性から保存則を導いた（ベッセル＝ハーゲンは極端に内気な性格で実力が正当に評価されていない数学者である）。ネーターの定理はクーラント－ヒルベルトの『数理物理学の方法』に取り上げられた。だが、ネーターの定理はその後四十年もの間無視され続けた。

　エミーは一九一五年十一月九日に教授資格講義を行ったが、哲学部は教授資格を与えなかった。ヒルベルトが「候補者の性が私講師として認めない根拠になる理由がわからない。ここは大学であって浴場ではない」と述べても文献学者や歴史学者を怒らせただけだった。エミーは一九一九年までヒルベルトの名で講義やゼミナールや演習を行った。第一次大戦後に女性が教授資格を得る道が開けた。エミーは一九一九年六月四日にネーターの定理の論文によって教授資格を得て私講師になった。一九二二年四月六日には名前だけの「非公式助教授」に任命されたが最後まで無給だった。翌年から代数学講義に対してのみ少額の報酬が支払われた。科学協会は入会を拒否し続けた。だがエミーのもとで博士号を取得した学生は十七名にのぼる。またエミーのもとに世界中から若い優れた数学者が集まってきた。エミーは抽象代数学を創始し「近代代数学の母」となった。エミーは自分の着想を惜しげもなくまわりに与えた。母鴨のまわりで騒ぐ子鴨のようなネーター学派を人は「ネーータークナーベン（ボーイズ）」と呼んだ。

エミーはおよそ身なりをかまわなかった。昼食時も数学に夢中になるので食べ物をまき散らしそれを服の袖でふいた。太り過ぎだと言われて「食べないと数学ができないじゃないの」とやり返している。パリの貴婦人たちは手袋を落として男の気を引いたが、エミーは数学の実力で男たちを引きつけた。ヴァイルは追悼演説で「彼女のゆりかごの側に美の女神たちが立っていたとは誰も主張できない」と失礼なことを言っているが、「彼女は荒削りで素朴な人だったが、彼女の心は正しかった。彼女の率直さは決して人を傷つけなかった。日常生活では気取らず、私心がなかった。親切で優しい人柄だった」と言っている。また「エミー・ネーターは一塊りのパンのように温かかった。彼女からは、おおらかな、元気づけるような、生き生きとした温かさが輝き出ていた」とも言っている。

エミー・ネーター

エルランゲン大学数学教室

エルランゲン大学数学の建物に入ると階段の途中の壁にネーター父娘の名前を刻んだ銘板が取り付けてある。数学教授シュミット先生の研究室を訪ねたときエミーに関するたくさんの資料や写真を頂いた。資料はエミーがエルランゲン大学に入学したときの学籍簿、博士号認定書、ゲッティンゲン大学とフランクフルト大学が教授資格を拒否した文書、ゲッティンゲン大学での教授資格認定書、非公式助教授任命書、代数学講義委任書などからなる。なかでも一九三三年九月末をもってエミーの教授資格を剝奪したプロイセン文部省通達に心が痛む。

それはエルランゲンでフーゲノッテン広場のヘルツ像が破壊され、シュロス広場で本が焼かれた年である。ゲッティンゲンの数学はヒルベルトのおかげでリベラルだっただけにナチによって壊滅的な打撃を受けた。ナチの新任文部大臣に「ユダヤ人の影響がなくなってゲッティンゲンの数学はどうかね」と訊ねられたヒルベルトは「もはや本当に何もありません」と答えてい

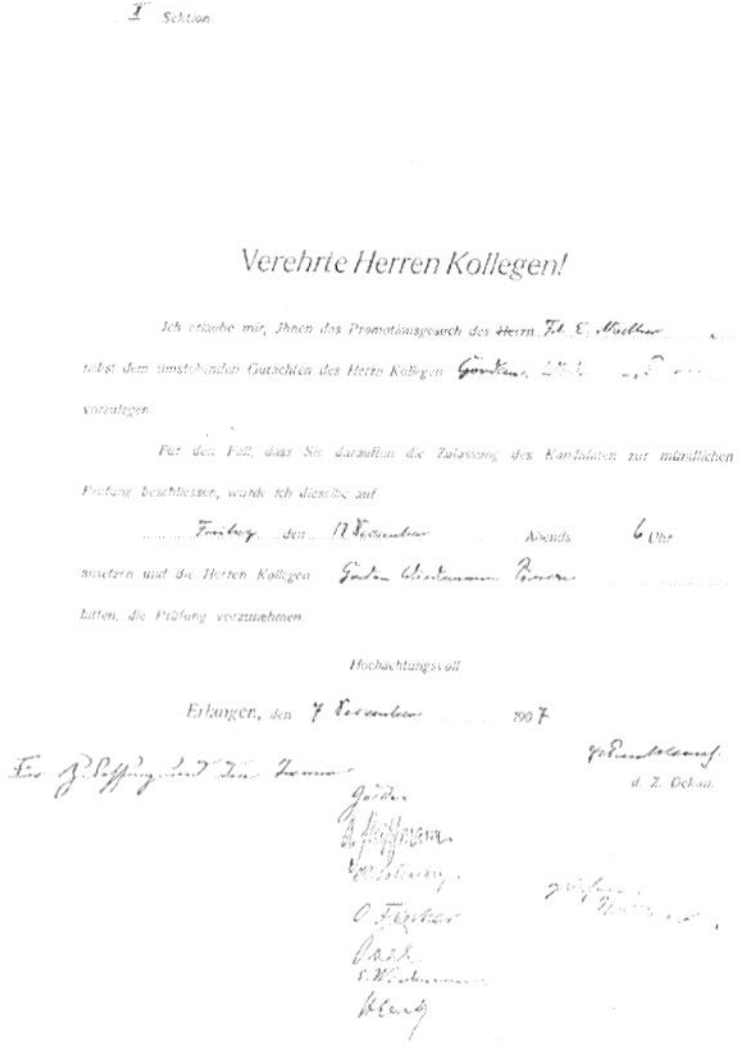
I Sektion.

Verehrte Herren Kollegen!

Ich erlaube mir, Ihnen das Promotionsgesuch des Herrn Frl. E. Noether nebst dem umstehenden Gutachten des Herrn Kollegen Gordan vorzulegen.

Für den Fall, dass Sie daraufhin die Zulassung des Kandidaten zur mündlichen Prüfung beschliessen, würde ich dieselbe auf Freitag den 13 Dezember Abends 6 Uhr ansetzen und die Herren Kollegen Gordan Wiedemann bitten, die Prüfung vorzunehmen.

Hochachtungsvoll

Erlangen, den 7 Dezember 1907

d. Z. Dekan.

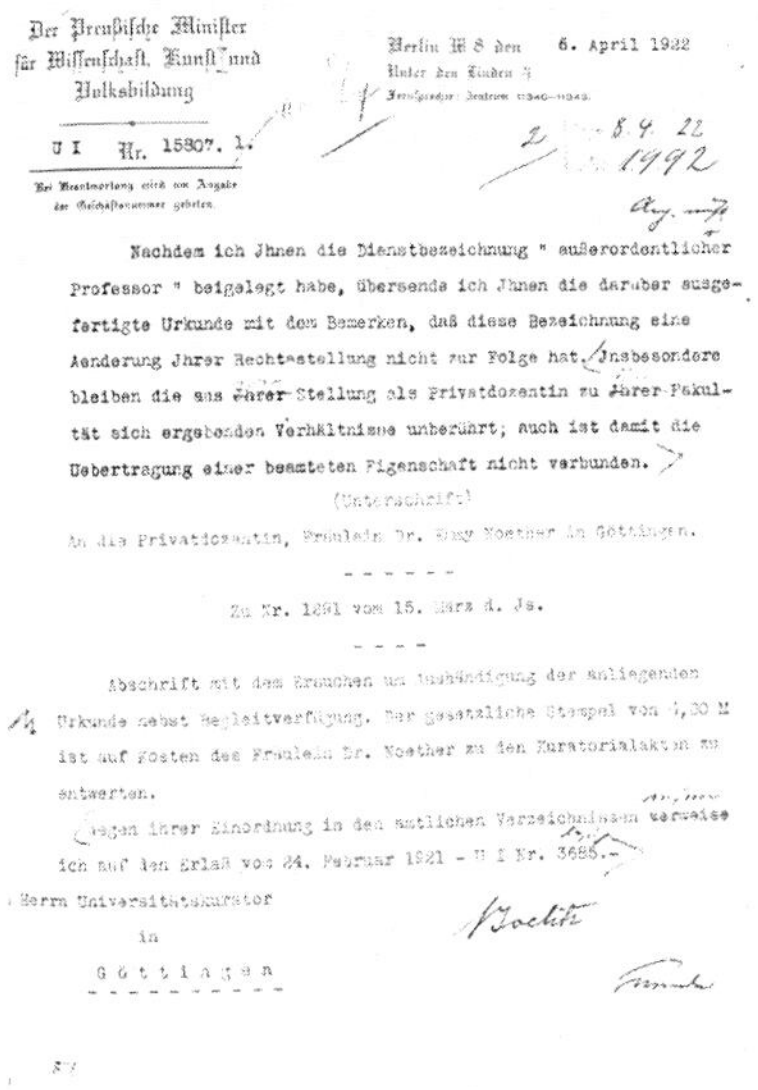
Der Preußische Minister für Wissenschaft, Kunst und Volksbildung
U I Nr. 15807. 1.
Bei Beantwortung wird um Angabe der Geschäftsnummer gebeten.

Berlin W 8 den 6. April 1922
Unter den Linden 4
Fernsprecher: Zentrum 11340–11343.

Nachdem ich Jhnen die Dienstbezeichnung " außerordentlicher Professor " beigelegt habe, übersende ich Jhnen die darüber ausgefertigte Urkunde mit dem Bemerken, daß diese Bezeichnung eine Aenderung Jhrer Rechtsstellung nicht zur Folge hat. Insbesondere bleiben die aus Jhrer Stellung als Privatdozentin zu Jhrer Fakultät sich ergebenden Verhältnisse unberührt; auch ist damit die Uebertragung einer beamteten Eigenschaft nicht verbunden.

(Unterschrift)

An die Privatdozentin, Fräulein Dr. Emmy Noether in Göttingen.

Zu Nr. 1291 vom 15. März d. Js.

Abschrift mit dem Ersuchen um Aushändigung der anliegenden Urkunde nebst Begleitverfügung. Der gesetzliche Stempel von [illegible],00 M ist auf Kosten des Fräulein Dr. Noether zu den Kuratorialakten zu entwerten.

Wegen ihrer Einordnung in den amtlichen Verzeichnissen verweise ich auf den Erlaß vom 24. Februar 1921 – U I Nr. 3686.–

Herrn Universitätskurator
in
Göttingen

非公式助教授任命書

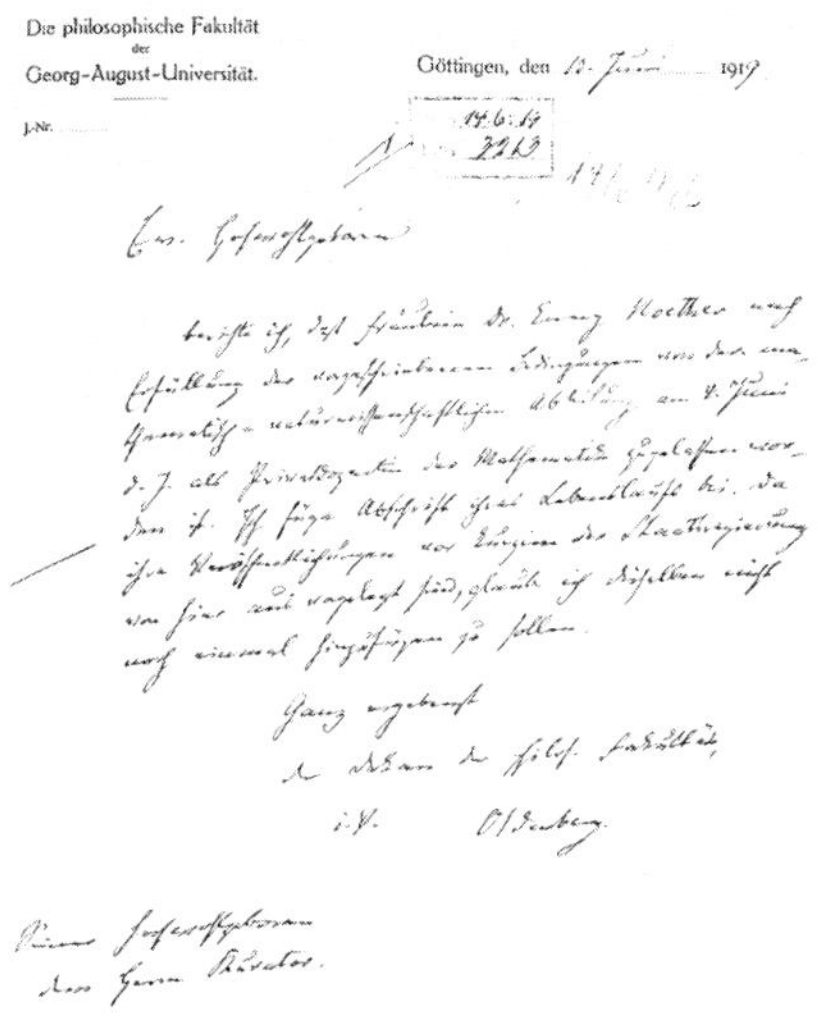
Die philosophische Fakultät der Georg-August-Universität.
Göttingen, den 10. Juni 1919
J.-Nr.

教授資格認定書

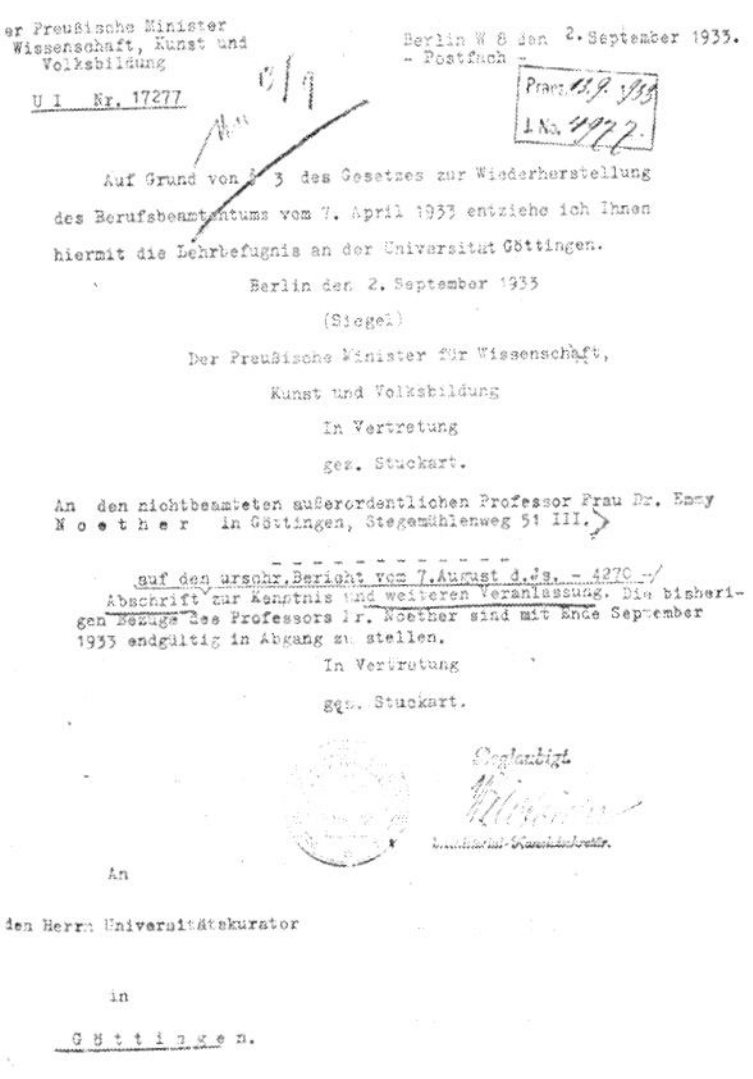
Der Preußische Minister für Wissenschaft, Kunst und Volksbildung
U I Nr. 17277

Berlin W 8 den 2. September 1933.
– Postfach –

Auf Grund von § 3 des Gesetzes zur Wiederherstellung des Berufsbeamtentums vom 7. April 1933 entziehe ich Ihnen hiermit die Lehrbefugnis an der Universität Göttingen.

Berlin den 2. September 1933
(Siegel)
Der Preußische Minister für Wissenschaft, Kunst und Volksbildung
In Vertretung
gez. Stuckart.

An den nichtbeamteten außerordentlichen Professor Frau Dr. Emmy Noether in Göttingen, Stegemühlenweg 51 III.

auf den urschr. Bericht vom 7. August d.Js. – 4270 –
Abschrift zur Kenntnis und weiteren Veranlassung. Die bisherigen Bezüge des Professors Dr. Noether sind mit Ende September 1933 endgültig in Abgang zu stellen.
In Vertretung
gez. Stuckart.

Beglaubigt
Ministerial-Kanzleisekretär.

An
den Herrn Universitätskurator
in
Göttingen.

教授資格剥奪命令書

る。エミーは追放された後も、アパートの屋根裏部屋で学生に数学を教え続けた。ナチ突撃隊の制服を着た学生エルンスト・ヴィット（ネータークナーベンの一人）までがやってきた。エミーは自分のことには無頓着でナチの非道な仕打ちにもいっさい恨みを持たなかった。ヴァイルは「彼女の心は悪意を知らなかった。彼女は邪悪なものを信じなかった――彼女の心にはこの世に邪悪なものがあるとはまるで思い浮かばなかった」と言っている。

57

デュステレアイヒェンヴェーク旧居

エミーはデュステレアイヒェンヴェークの女子寮に住んでいた。一九二二年に、同じ通りの家で数か月過ごした後移ったフリートレンダーヴェークのアパートは多くの数学者仲間が訪れる「居心地のよい屋根裏部屋」になった。だがアパートは一九三二年に学友会の所有となり、学生たちが「マルクス主義者のユダヤ人とは一緒に住めない」と言い出したのでエミーは引っ越しせざるをえなくなった。最後のアパートは旧市街を南に出たシュテーゲミューレンヴェークにある。エ

シュテーゲミューレンヴェーク旧居/
「居心地のよい屋根裏部屋」（右頁）

ブリンモアカレッジ本部（右頁）

ミーはこのアパートの屋根裏部屋で文部大臣から教授資格を剝奪する命令書を受け取ったのだ。無給の「非公式助教授」になんという仕打ちだろう。

エミーは一九三三年十月末に汽船ブレーメン号で米国に向かった。女子大学ブリンモアカレッジに一年間の客員教授として赴任するためだ。フィラデルフィアの三十番通り駅から電車で二十分あまりで郊外の小さな町ブリンモアに着く。駅から歩いてすぐにブリンモアカレッジの美しいキャンパスがある。エミーは客員

トマス図書館（上）と回廊（下）

ネーター墓碑

教授の任期を延長した。一九三五年四月八日に腫瘍の手術のためブリンモア病院に入院したが術後の経過が悪く十四日に亡くなった。五十三歳だった。エミーの遺灰は一九八二年にグッドハートホール（ヴァイルが追悼演説を行ったホール）近くのトマス図書館回廊に埋葬された。敷石に埋め込まれた墓標には"E・N 1882–1935"と刻まれているだけである。

エミーの弟フリッツも優れた数学・物理学者になった。フリッツは一九二二年からブレスラウ工科大学教授だったが一九三四年にナチに職を追われ、トムスク大学数学力学研究所教授になった。フリッツは一九三七年十一月二十二日に逮捕された。ヴァイルとアインシュタインがフリッツの救出を試みたが消息は長い間絶えていた。米国に移住した息子ヘルマンはソ連大使館から一九八九年五月十二日付けの手紙を受け取った。

「一九八八年十二月二十二日にソ連最高裁大法廷はあなたのお父上、フリッツ・ネーター教授が無実であったことを認め、原判決を破棄して完全にお父上の名誉を回復させる決定を下したことをお知らせします。ネーター教授は一九三八年十月二十三日に対独通牒の疑いと破壊活動で有罪となり、ノヴォシビリスクにおける二十五年の禁固刑を受けました。一九四一年九月八日にソ連最高裁軍事法廷は反ソ煽動に加わったとの告発でネーター教授に死刑を宣告しました。彼は一九四一年九月十日にオリョールで銃殺されました。彼の埋葬場所は不明です。どのような言葉もあなたの苦痛をやわらげることができないとは存じますが、どうか私の心からのお悔やみをお受け取り下さい。」

スエヴィ族の後裔

ディーゼル

Rudolf Diesel

モーツァルトハウス

アウクスブルクの大聖堂境内にモーツァルト父子の記念碑がある。アウクスブルクはモーツァルトの父レーオポルトが生まれた町だ。大聖堂からフラウエントール通りをしばらく北上すると生家が記念館になっている。何度目のことだろう。モーツァルトハウスを訪れたとき、立派な紳士に声をかけられた。ドイツモーツァルト協会会長で、公開されていない「小黄金の間」に案内しよう、と誘ってくれた。レーオポルトが通ったイエズス会付属学校の「小黄金の間」はすぐ近くのイエズス会ガッセにある。同じ通りのすぐ先にあったモーツァルトの従妹ベースレの家は一九四四年に空爆で破壊され現存しない。モーツァルトは一七七七年に母と二人でパリに向かう途中父の故郷に十五日間滞在しベースレと意気投合した。モーツァルト母子が宿泊した白羔館も現存しない（現在の白い建物の壁にゲーテとモーツァルトが宿泊したことを記す銘板が取り付けてある）。くだんの紳士は市内を次々と案内してくれた。「フガー長屋（一五一六年に大富豪ヤーコ

白羔館跡

フランツ・モーツァルト旧居

プ・フガーが福祉政策としてつくった住居で、家賃は昔のまま現在も使われている）にあるモーツァルトの曾祖父フランツ・モーツァルトの家に行ったか」と訊かれたので、得意そうに「行った」と答えると、「それではモーツァルトの先祖の家を見せてあげよう」と誘われた。

　なだらかな緑の丘陵がどこまでも続くシュヴァーベン地方は美しい。紳士は車を運転しながら「どうだね。このゆるやかな、人間の呼吸にぴったり合った景色は。

モーツァルトの先祖の家

モーツァルトの音楽はこのシュヴァーベンから生まれたんだよ」と自慢していた。十五世紀までさかのぼるモーツァルトの先祖の家はアウクスブルクから南西に二十キロほどの距離にあるフィシャハ近郊ハイムベルク村の農家で「田舎のにおい」に満ちていた。取り付けられた銘板には「モツハルト」と書かれている。モツハルト家はその後大工、建築師、彫刻師を輩出した。モレーオポルトの父は製本職人だった。音楽は職人文化なのだ。帰りは郊外の緑豊かな場所にある紳士の家に招待された。モーツァルト談義に花を咲かせたのは言うまでもない。

シュヴァーベン地方は、アウクスブルクを中心とするバイエルン州西部とシュトゥットガルトを中心とするバーデン=ヴュルテンベルク州にまたがっている。アインシュタインの生地ウルムは州境にある。だが州境は政治的なもので、バイエルン人でもなく、ヴュルテンベルク人でもなく、シュヴァーベン人が生き続けている。シュヴァーベン人の先祖スエヴィ族はゲルマン民族の中でももっともどう猛だったらしい。ぼくは米国で高名な物理学者に「君はどう猛な顔をしているね」と言われたことがあるので「どう猛」というのはほめ言葉だと信じている。友人の物理学者にもシュヴァーベン人がいるが、ぼくがバイエルン州で労働ヴィザを取得するためにＨＩＶ検査を受けなければならないと知った彼は「招聘した人にそんな失礼な話があるか」と市役所全部に響き渡る大声でわめいていた。中世なら相手の役人はとっくに斬り殺されていたところだ。またシュヴァーベン人は経済家で、すばしっこく、進取の気性に満ち、頑健で、「ドイツのスコットランド人」と呼ばれているということだが、思いあたる節はある。

ディーゼルの父テーオドールもシュヴァーベン人で、アウクスブルク大聖堂近くの通りマウアーベルクにあった製本職人の家に生まれたが、一八五〇年二十歳のときパリに出た。ディーゼルの母エリーゼはニュルンベルクの繁華街で高級な商品を扱う商人の家に生まれた。彼女も大胆な女性でロンドンに、次にパリに出た。パリで知り合った二人は一八五五年に結婚して「ナザ

ノートルダム・ド・ナザレート通り生家

レのノートルダム通り」にアパルトマンを借り革製品の製造を始めた。革で装丁する製本職人には同種の仕事なのだろう。ルードルフ・ディーゼルは一八五八年三月十八日にこの家で生まれた。『シラノ・ド・ベルジュラック』を初演した劇場ポルト・サン＝マルタン座に近い。一家はまもなくフォンテーヌ＝オ＝ロア通りに移った。パリコミューンがバリケードを築いた通りの一つだ。

ポルト・サン＝マルタンから南下すると旧サン＝マルタン＝デ＝シャン修道分院の建物に開設された国立の工芸学校と工芸院がある。その南隣はガサンディーの墓所があるサン＝ニコラ＝デ＝シャン教会だ。世界初の技術博物館である工芸院には一八五五年からフーコーの振り子が動いているが、アデールの飛行機、ダゲールの写真機、リュミエール兄弟の映画撮影機などが置いてある。ディーゼルは工芸院の展示に魅せられた。中でも興味を持ったのはキュニョーがつくった蒸気運搬車だった。

フォンテーヌ=オ=ロア通り旧居

旧修道院聖カタリーナ

一八七〇年普仏戦争にともなう国外退去命令で一家は、ルーアン、ディエプを経て海を渡り、ロンドンに移住した。父はアウクスブルクに職が得られる見込みがないのでディーゼル一人をアウクスブルクに送った。ディーゼルは、八日間の苦しい長旅の末、父の故郷に到着し、父の母方の従妹バルバラとその夫クリストフ・バルニケルの世話になった。ディーゼルはバルニケルが数学教師をしている実業学校に入学した。実業学校とその上級校の工業学校は現在ドイツバロック美術館と州立美術館として使われている建物にあった。美術館はシェツラー宮と修道院聖カタリーナからなる。シェツラー宮にはマリー＝アントアネットがパリへ向かう輿入れの途中で踊った豪華な広間がある。聖カタリーナにはアウクスブルク生まれの巨匠ホルバインをはじめとする画家の作品が展示されている。デューラーによるヤーコプ・フガーの肖像画が忘れられない。学校は名画が展示されている部屋の階上にあった。ちなみに隣の「ドライモーレン」は、モーツァルト一家、カサノーヴァ、後にディーゼルが宿泊した高級ホテルだが、モーツァルト母子は白羔館を選んだ。宿代が高すぎたからだ。ぼくもいつも敬遠している。

　ディーゼルは一八七三年に実業学校を首席で卒業した。将来はミュンヘン高等工業学校（現工業大学）に進学したかった。普仏戦争後パリに戻った両親のもとに赴いたが、両親と姉妹は極貧の生活を送っており、学費のことを言い出せる状況になかった。ディーゼルの滞在中に姉ルイーゼが突然亡くなった。姉はピアノ教師をして一家を支えていたから生活はさらに苦しく

ボー・ド・ロシャス記念碑

なった。ディーゼルはアウクスブルクに戻り工業学校に進学した。一八七五年に卒業すると奨学金を得て両親の反対を押し切り念願の高等工業学校に進学した。唯一の趣味はピアノで、勉強一筋の質素な生活を送った。一八七七年に両親と妹エマがパリをあきらめてミュンヘンにやってきたので一家はやっと一緒になった。

　ディーゼルに決定的な影響を与えたのはカール・リンデの熱力学講義である。またディーゼルはサディ・カルノーやアルフォンス・ボー・ド・ロシャスの論文にも出会った。ボーは一八五〇年にフィリップ・ブルトンと共同で海底電信ケーブルを初めて敷設した技術者で一八六二年にはパリ科学アカデミーで内燃機関の「四行程機関」の原理を発表し特許を得た。現代のガソリンエンジンの原理だが、ボーは現代の物理教科書ではニーコラス・オットーの陰に隠れている。ガサンディーの生地シャンテルシエ村もよりのディーニュの町はずれにあるコレージュ・ガサンディーの写真を撮っていたら道路にボーを記念する鉄製の彫刻を見つけた。このときボーの生地がディーニュと知った。

リンデは冷凍機を開発し、一八七九年にはヴィースバーデンに現在も存続する「リンデ製氷器会社」を設立した（一八九五年にはジュール-トムソン効果を用いた気体の液化装置を考案した）。ディーゼルは同じ年に、チフスのため最終試験を逸したが、リンデの推薦でヴィンタートゥールにある「ズルツァー兄弟機械工場」の見習い工になった。そこでもリンデ製氷器を製造しようとしていた。翌年一月には高等工業学校始まって以来の優秀な成績で最終試験に合格した。三月にリンデ製氷器を製造するパリの工場に出向し一年後には工場長になった。同年バーやレストランで使える「透明氷」製法に関して最初の特許を取得したがリンデは気に入らない。「アウクスブルク機械工場」社長ハインリヒ・ブッツが透明氷を製造することに同意した。ブッツとの出会いは後にディーゼルにとって重要になる。リンデに雇われている身分で透明氷の特許はディーゼルに利益をもたらさなかったから一八八三年にリンデとの雇用関係を解消した。同年友人の家で家庭教師をしていたマルタと結婚した。彼女はレントゲンの生地レネプの隣町レムシャイト出身である（現在両町は合併している）。

　ディーゼルは一八八三年からアンモニアガスエンジンの研究に没頭した。一八八六年までにゴトリープ・ダイムラーとカール・ベンツはガソリンエンジンを開発した。二人ともシュヴァーベン人である。ベンツ社は一八八三年、ダイムラー社は一八九〇年創立で両社は一九二六年に合併した。ダイムラー＝ベンツ本社はシュトゥットガルト市内カンシュタットにある。シュトゥットガルト駅の屋根にはベンツの商標が高々と掲

ルードルフ・ディーゼル

げられている。エッフェル塔が建てられた革命百周年のパリ博覧会ではベンツの自動車、ダイムラーの内燃機関が誇らしげに展示された。だがパリには普仏戦争以来反ドイツ的感情が蔓延していた。ディーゼルはリンデ社に復帰し一八九〇年に家族とともにベルリンに移った。最初の住居は繁華街クーダムにあった。

　ディーゼルは一八九二年にアンモニアのかわりに空気を使うエンジンの特許を得た。それは内燃機関に向かないカルノーサイクルに基づいていた。だがそれと並んで、空気を高度に圧縮させ、空気の温度を燃料の発火点を十分超えるまで上昇させることによって、噴射した燃料を自発的に点火させるというディーゼルエンジンの原理を述べていた。ディーゼルはすぐにブッに手紙を書き試作機開発を促したがブッは断ってきた。説得するために小冊子『蒸気機関と今日知られている内燃機関にかわる合理的な熱機関の理論と設計』を執筆したが、出版前にブッは試作機開発を承諾した。ディーゼルはエッセンの「クルップ工場」とも契約しリンデ社を辞した。

　一八九三年にアウクスブルク機械工場でアウクスブルク＝クルップ共同体の作業が始まった。学校時代の友人ルシアン・フォーゲルが強力な助手になった。八月十日に行われた試運転でエンジンが動いたが、圧力表示器が爆発し、飛び散ったガラスや金属で危うくディーゼルとフォーゲルの首が跳ばされるところだった。ディーゼルはベルリンに戻り再設計にかかった。家計費節約のため安いアパートに移った。西ベルリンの中心駅ツォー（動物園）からクーダムに出る前に鉄道のガードをくぐると、カント通りに、ディーゼルが一八九三―九四年に住んだことを記す銘板を取り付けたア

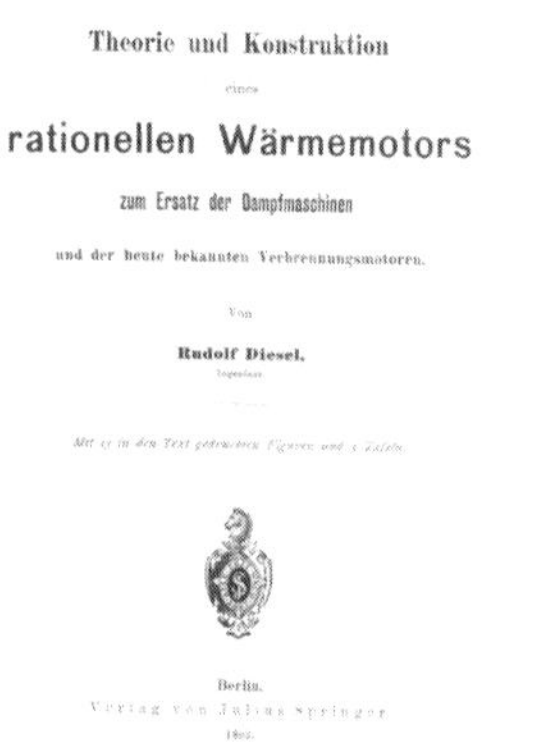
Theorie und Konstruktion
eines
rationellen Wärmemotors
zum Ersatz der Dampfmaschinen
und der heute bekannten Verbrennungsmotoren.
Von
Rudolf Diesel,
Berlin.
Verlag von Julius Springer

『合理的な熱機関の理論と設計』

カント通り旧居

パートがある。

一八九四年二月十七日にたった一分間だがエンジンが初めて自力で動いた。ディーゼルは妻を呼びよせ「ルードルフの黒い愛人」を見せた。試運転に成功した三年後の一八九七年二月十七日がディーゼルエンジンの誕生日とされている。その一年後、一八九八年二月十日に劇作家ブレヒトが生まれた。生家はアウクスブルクの中心、市庁舎広場から道を下った疎水が流れる閑静な通りアウフ・デム・ラインにある。その先がディーゼルの父の生地マウアーベルクだ。さらにその先に中世の旧市壁がありその上にアパートが立っている。細い坂道シュプリンガーゲスヒェンにあるアパートには「一八九三―一八九七年にアウクスブルク機械工場の援助のもとでルードルフ・ディーゼルがディーゼルエンジンをつくったとき彼はここに住んだ」と刻まれた銘板が取り付けてある。ディーゼルが止宿したバルニケル夫妻の家だ。バルニケルは妻バルバラと死別後ディーゼルの妹エマと再婚していた。

ブレヒト生家

シュプリンガーゲスヒェン旧居

試作機成功以後は札びらが舞う資本主義の世界である。開発参加を断ったケルンのドイツガスエンジン社が、一転、契約料のダンピングをはかり、オットー・ケーラーやエミール・カピテーヌに先取権がある、と法廷闘争をちらつかせてきた。カピテーヌは一九〇七年に亡くなるまで執拗にディーゼルを攻撃し続けた。ディーゼルは一八九七年にグラスゴウに赴いた。経済家の本家スコットランド人相手である。交渉は難航したが、ケルヴィン卿の助言で、スコットランド人はシュヴァーベン人に契約料を払うことを承認した。

ディーゼルは一九〇三年に労働者が工場の所有権を共有する空想的理想社会を論じた『社会連帯主義』を刊行したがまったく売れなかった。社会矛盾の解決を目的として零細企業に小型エンジンを供給するというディーゼルの夢は実現せず、技術情報を無償交換するというディーゼルの連帯主義の考え方に、技術で先行するMAN（「アウクスブルク機械工場」が一八九八年に「ニュルンベルク機械製作会社」と合併した「アウクスブルク＝ニュルンベルク機械工場」）が同意するはずもなかった。

金が湯水の如く流れ込んできた。一八九五年に一家はベルリンからミュンヘンに移っていたが、高名な建築家マクス・リトマンに依頼してマリーア＝テレジア通り（レントゲン最後の家があった通り）に豪邸を建設し、一九〇一年に引っ越した。だが特許をめぐる争い、無謀な投機の失敗、頭痛と痛風がディーゼルを苦しめた。一九一二年には事実上破産状態にあった。一九一三年九月二十九日ディーゼルはアントワープから

MAN 博物館

英国に向かう汽船ドレースデン号に乗船した。だが翌朝船室にディーゼルの姿はなく、船尾の甲板にディーゼルの帽子と外套が発見された。十日後にオランダ沖の荒れる北海で小型船が遺体を引き上げたが海の男たちの伝統に従って遺体を海に帰した。

モーツァルトハウスからさらにフラウエントール通りを北上すると中世の市門に出る。市壁に沿って西に、さらに北に向かってしばらく歩いていくとMANの正門に着く。道を隔ててMAN博物館がある。だが週末は休館と書いてある。「どう猛」な顔をした工場守衛に「博物館は休みですよね」と未練たっぷりに訊いてみた。「どう猛」氏はしばらく考えてからどこかに電話した。「同僚が交代に来たらおれが博物館を案内してやる」と言う。こうして博物館を借り切りでガイド付きで見学できることになった。ディーゼルエンジン一号機のそばの壁にディーゼルとブツの写真があった。ドイツのバスはほとんどがMAN製かベンツ製である。MANのライオンの商標を付けたバスを見るたびにあの親切な守衛を思い出す。

ディーゼル記念碑

アウクスブルク駅を降りて旧市内とは逆側に出ると緑豊かなヴィテルスバッハ公園になっている。その中に生け垣に囲まれたディーゼル記念の森がある。石庭中央の巨大な自然石にディーゼルの肖像、ドイツ語の碑文「あなたの精神は遠く日本で生き続けています」、そして漢字で山岡孫吉の名が刻まれている。また生垣のそばの金属製銘板に「無数の小型ディーゼルエンジンの製造によって全世界で農民と工員の生活が楽になり、労働力が増大した。こうしてルードルフ・ディーゼルは人類の救助者になった」と書かれている。山岡孫吉は、一九五三年にアウクスブルクを訪れたとき、ディーゼルが海で失踪したため墓碑も銅像もないことを知って義憤にかられ、一九五七年に石庭を日本から運ばせた。山岡は近江の貧農出身で小学校卒業後大阪に奉公に出たが、やがて独立してガスエンジンを製造していた。一九三二年にドイツでディーゼルエンジンに出会った山岡は、農作業の軽減を目的として、一九三三年に世界初の小型ディーゼルエンジンの開発に成功した。「ヤンマーディーゼル」だ。ディーゼルの夢が実現した。ヤンマー尼崎工場を訪ねたのは冬の寒い日だった。受付で案内してくれる人を待っていたら守衛が「寒いから中に入って暖まりなさい」と守衛室に入れてくれた。陳列館にはディーゼルが一八九九年につくった最初の実用機が展示されていた。MAN博物館の展示品だったが、MANが山岡に寄贈したものである。

ヤンマー尼崎工場陳列館

さくらんぼの実る頃

ランジュヴァン

Paul Langevin

コリニョンの食料品店

ピカソが油彩画『アヴィニョンの娘たち』を完成した頃である。一九〇七年のある日ピカソはアポリネールに向かって言った。「君にフィアンセを見つけてやったよ。」それから間もなくアポリネールはクローヴィス・サゴーの画廊で画学生マリー・ローランサンに紹介された。アポリネールはすぐに「小さな太陽」ローランサンに夢中になった。ローランサンは絶唱「ミラボー橋」（堀口大學訳『アポリネール詩集』、新潮文庫）の詩神になった。

ミラボー橋の下をセーヌ川が流れ
　われらの恋が流れる
わたしは思い出す
悩みのあとには楽しみが来ると
　日も暮れよ　鐘も鳴れ
　月日は流れ　わたしは残る

ジャン=ピエール・ジュネ監督の映画『アメリ』はモンマルトルが舞台だ。地下鉄アベス駅からパサージュ・デ・アベスの突き当たりの階段を上がると映画で登場した「コリニョンの食料品店」がある。アメリの

「洗濯船」

アパルトマンはその裏あたりだろう。左手に行くとガロー通りとラヴィニャン通りの交差点に出る。ラヴィニャン通りの階段を上るとエミール・グドー広場だ。さらに北に少し上るとジャン＝バティスト・クレマン広場に出る。詩人クレマンはパリコミューンでモンマルトルの指導者だった。クレマン広場から始まるルピック通りは、クレマンの家、二つの風車の下を通って、半円を描いて下りていく。ゴッホの家を過ぎると、ムーラン・ルージュに向かう途中に、アメリが働くカフェ「レ・ドゥー・ムーラン」がある。

エミール・グドー広場には「バトー＝ラヴォアール（洗濯船）」と書かれた建物がある。美術史上有名なアトリエがあったが一九七〇年に焼失しコンクリート造りの建物にかわってしまった。ピカソは一九〇四年にここにあった不潔で荒れ果てた木造バラックに移り住んだ。丘の斜面にへばりつくように建てられた建物はエミール・グドー広場からは一階建てだが下のガロー通りからは三階建てに見える。夏は耐え難く暑く、冬は凍るように寒いあばら屋である。一九〇一年以来の親友で、以前に貧困のピカソを自分の貧しい部屋に住まわせたことがある詩人マクス・ジャコブが「洗濯船」と名づけた。大きなガラス窓に下着が干してあるのを見て洗濯船を思い出したのだろう。パリの庶民は水に不自由していた。セーヌ河岸に係留された屋根つきの船が水浴場や洗濯船になっていた。ラヴィニャン通りの先にあるガブリエル通りのジャコブの部屋はもっとひどかったのだが、ジャコブは「みんなひどく貧乏だったが生きていることが素晴らしかった」と言っている。間もなくピカソはサン＝ラザール駅近くの酒場でアポリネールと知り合った。同じ店でピカソはアポリネールをジャコブに引き合わせた。アポリネールをジャコブは『アヴィニョンの娘たち』の前にブラックを連れてきた。こうして「画家と詩人が互いに影響を及ぼしあった時代」が始まった。アポリネールはキュビスムの最大の擁護者になった。

アポリネールがローランサンに出会ったのはキュビスムがまさに誕生しようとする頃である。「ミラボー橋」は二人の恋が破綻した一九一二年頃の作品だがアポリネールが一九一八年に夭折したとき壁にローランサンの絵『アポリネールとその友人たち』が架けられていた。一九五六年に亡くなったローランサンは白い衣装に赤いバラを手にしてアポリネールの手紙の束を胸に置くことを望んだ。ペールラシェーズ墓地にある二人の墓はそれほど離れていない。ローランサンの墓から壁沿いに行くとガートルード・スタインの墓がある。ピカソが有名な肖像画を残したスタインは洗濯船に出入りしてピカソの最初の後援者になった。『アポ

ローランサン墓所

バルビュス墓所

リネールとその友人たち』にもアポリネールとローランサン、ピカソとその恋人フェルナンドと並んでスタインが描かれている。スタインはヘミングウェイの文学指導者にもなった。洗濯船に一時住んだことがあるモディリアニの墓も遠くない。非戦運動「クラルテ」を率いたアンリ・バルビュスの墓を過ぎると墓地の東端は「連盟兵たちの壁」だ。一八七一年五月二十七日、墓地に立てこもったパリコミューンの百四十七人が追いつめられ虐殺された場所である。その向かいにさくらんぼを添えたクレマンの墓碑がある。「ぼくはいつまでもさくらんぼの実る頃を愛するだろう。その頃からだ。ぼくが心に開いた傷口を持ち続けているのは。」クレマンの詩「さくらんぼの実る頃」は「一八七一年五月二十八日日曜日のフォンテーヌ＝オ＝ロア通りの看護婦、勇敢なる市民ルイーズに」捧げられている。墓地の北西にあるその通りに築かれたバリケードの中でクレマンは連盟兵の手当てをするルイーズに出会ったのだろう。

クレマン墓所

キュビスム発祥の地洗濯船はポール・ランジュヴァンの生地でもある。父は十八歳のとき陸軍に入隊し十四年間アルジェリアで従軍したが、一八七〇年にパリに戻って結婚し、後に洗濯船となる家に住んだ。その家はもとピアノ工場だったが一八六七年から錠前職人マヤールの所有になっていた。父はマヤールに雇われていた。夫婦は一八七一年のパリコミューンでは第一線にいた。ランジュヴァンは一八七二年一月二十三日に生まれた。パリコミューンの敗北によって両親が打ちひしがれているときである。ランジュヴァンは「私は、一八七〇年の戦いの直後に、共和主義者の父と献身的な母の間で育った。両親はパリ占領とコミューンの血なまぐさい鎮圧の目撃者として語ることによって私の心に暴力への憎しみと正義への熱望を植えつけた」と言っている。

一八八三年に公立小学校を卒業、学費無料で労働者の子弟を受け入れ「貧乏人のリセー」と呼ばれていたエコールラヴォアジエを一八八七年に卒業し、翌年十六歳でやはり学費無料のパリ市立物理化学学校に入学した。一八八二年開校以来物理実験助手をしていたピエール・キュリーから指導を受けた。一八九一年に物理化学学校を修了すると、物理に魅了されてさらに勉強するため一八九三年に隣接するエコールノルマールに入学した。一八九七年に物理科学で教授資格者になり奨学金を得てキャヴェンディシュ研究所に留学した。一八九八年にジャンヌと結婚している。ドレフュスを支持するゾラの請願書に署名したのもこの年である。一九〇〇年にソルボンヌ助手、一九〇二年にコレージ

エコールラヴォアジエ

エコールノルマール

ュ・ド・フランスの教授代理、翌年助教授になった。一九〇四年にはポアンカレーとともにセントルイスの国際会議に出席し講演「電子の物理学」を行っている。それは相対論直前の時期でランジュヴァンはアブラハムの剛体電子模型に対して、ブヒェラーと独立に、体積を一定に保ったまま楕円体に変形する電子模型を考えていた。ポアンカレーがすぐ指摘したようにランジュヴァンの電子模型は相対論に矛盾する。

ランジュヴァンは一九〇五年にキュリーの後任として物理化学学校教授になった。その年十二編の論文を発表している。中でも重要な論文「磁性と電子論」で「電子論の仮説においてアンペールおよびヴェーバーの考え方に正確な意味を与え、常磁性と反磁性とに必要なまったく異なる説明を与えることがいかにして可能かを示した」。常磁性体中で磁気モーメントの向きがボルツマン分布に従うとして磁化を計算した。ランジュヴァンの関数が現れたその式から高温では磁化が温度に逆比例することを示した。キュリーが一八九五年に発見したキュリーの法則である。またランジュヴァ

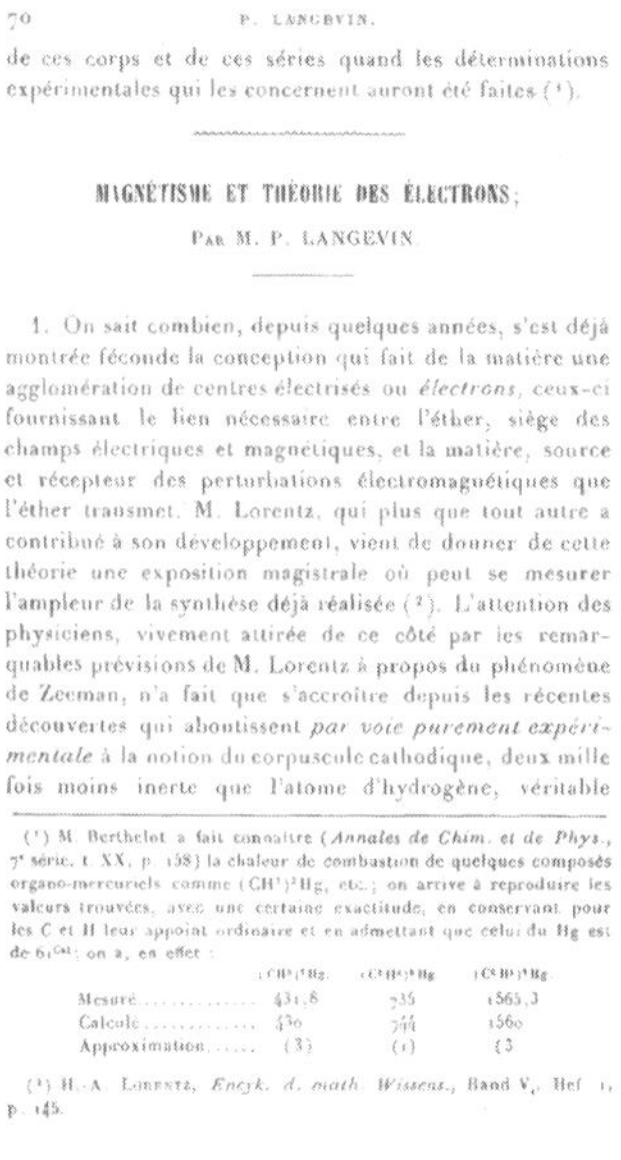
70 P. LANGEVIN.

de ces corps et de ces séries quand les déterminations expérimentales qui les concernent auront été faites (1).

MAGNÉTISME ET THÉORIE DES ÉLECTRONS;

PAR M. P. LANGEVIN.

1. On sait combien, depuis quelques années, s'est déjà montrée féconde la conception qui fait de la matière une agglomération de centres électrisés ou *électrons*, ceux-ci fournissant le lien nécessaire entre l'éther, siège des champs électriques et magnétiques, et la matière, source et récepteur des perturbations électromagnétiques que l'éther transmet. M. Lorentz, qui plus que tout autre a contribué à son développement, vient de donner de cette théorie une exposition magistrale où peut se mesurer l'ampleur de la synthèse déjà réalisée (2). L'attention des physiciens, vivement attirée de ce côté par les remarquables prévisions de M. Lorentz à propos du phénomène de Zeeman, n'a fait que s'accroître depuis les récentes découvertes qui aboutissent *par voie purement expérimentale* à la notion du corpuscule cathodique, deux mille fois moins inerte que l'atome d'hydrogène, véritable

(1) M. Berthelot a fait connaître (*Annales de Chim. et de Phys.*, 7e série, t. XX, p. 158) la chaleur de combustion de quelques composés organo-mercuriels comme $(CH^3)^2Hg$, etc.; on arrive à reproduire les valeurs trouvées, avec une certaine exactitude, en conservant pour les C et H leur appoint ordinaire et en admettant que celui du Hg est de 61^{Cal}; on a, en effet :

	$(CH^3)^2Hg$.	$(C^2H^5)^2Hg$.	$(C^6H^5)^2Hg$.
Mesuré	431,8	735	1565,3
Calculé	430	744	1560
Approximation	(3)	(1)	(3

(2) H.-A. LORENTZ, *Encyk. d. math. Wissens.*, Band V, Hef 1, p. 145.

「磁性と電子論」

ンは反磁性を電子論によって説明した（ランジュヴァン理論は不完全だった。ボーアとファン・レーウェンが独立にそれぞれ博士論文で、古典物理学では反磁性が生じないことを証明した）。恩師キュリーとの縁はまだある。第一次大戦中の一九一七年に、圧電性水晶を使って、海中で超音波を発信し反射波を受信する検出器をつくった。圧電効果は一八八〇年、逆圧電効果は翌年にキュリー兄弟が検証していた。

アインシュタインは一九〇五年の論文で拡散方程式に基づいてブラウン運動を論じたが、ランジュヴァンは一九〇八年の論文「ブラウン運動の理論について」で初めてブラウン運動粒子に対する運動方程式を書いた。粘性力は流体分子から受けるランダムな力を平均したものであるとして、運動方程式にランダム力を付け加えた。このランジュヴァン方程式は後に発展する確率方程式の嚆矢となった。

一九〇九年にランジュヴァンはコレージュ・ド・フランス教授になった。だが結婚生活は長い間破綻していた。ランジュヴァンが研究を優先して民間企業からの好待遇の申し出を断ったとき妻は激怒した。義母や義妹が家庭に入り込み喧嘩が絶えなかった。妻と義母から鉄製の椅子を投げつけられ怪我をしたこともある。一九〇六年にピエール・キュリーを交通事故で失い絶望していたマリー・キュリーと破滅的な家庭を持つランジュヴァンが愛しあうようになったのは自然なのだろう。一九一〇年にランジュヴァンが借りた小さな部

ポール・ランジュヴァン

屋にマリーが訪れるようになった。家族ぐるみでつきあっていた数学者ボレルや物理学者ペランら友人たちは二人がよい結果になることを願っていた。だが二人の仲に気づいた妻は怒り狂った。ランジュヴァンに宛てたマリーの手紙が盗まれた。新聞の編集者である義妹の夫はそれを手にしてランジュヴァンを恐喝した。一九一一年十一月四日に新聞が「キュリー夫人とランジュヴァン教授、恋の物語」という作り話に満ちた曝露記事を掲載し大騒動になった。マリーにノーベル化学賞受賞の知らせが届いたのはこのときである。マリーの手紙も公表された。反ユダヤ主義や極右の新聞が二人を攻撃した。ランジュヴァンは編集者と決闘までしている。ノーベル賞選考委員のアレニウスはマリーに賞を受けないよう言ってきた。マリーは科学業績と私生活は無関係であると返事した。二人の恋はこうして終わった。アポリネールがマリー・ローランサンと別れて「ミラボー橋」を書いた頃である。マリー・キュリーは一九一二年にサン＝ルイ島のベテュヌ河岸にあるアパルトマンに逃れた（一九三四年に亡くなるまで住んだ家である）。ソルボンヌ大学ラディウム研究所の建設が始まったのもこの頃である。

ランジュヴァンは一九一三年の物理学会講演「エネルギーの慣性とその結果」の中で、アインシュタインの一九〇五年の論文とは独立に、一九〇六年にコレージュ・ド・フランスにおける講義で「エネルギーの慣性法則」を述べていたことを公表した。それは簡単な思考実験に基づいている。ランジュヴァンは物体が電磁波を背中合わせに放出する場合を考えた。アインシ

マリー・キュリー旧居

ラディウム研究所

ユタインと同じ設定だが、アインシュタインがエネルギー保存則を用いたのに対し、ランジュヴァンは運動量保存則を用いた。物体が運動する座標系で放出する電磁波の運動量を計算すると、電磁波の質量は電磁波のエネルギーを光速度の二乗で割った値になった。ランジュヴァンは「光線の放出あるいは吸収において物質系の内部エネルギー変化はそれに比例する慣性の変化をともなう」と結論した。またこの論文でプラウトの法則（原子の質量が水素原子の整数倍になる）からのずれをエネルギーと質量の等価性によって説明した。

フランスで最初に相対論を受け入れ普及させたのがランジュヴァンである。一九二二年にランジュヴァンはアインシュタインをパリに招待した。敵意に満ちた雰囲気の中でランジュヴァンはベルギー国境の駅でアインシュタインを出迎えパリまで同行した。興奮した若者たちが北駅に集まっていると知らされていたランジュヴァンは裏口からアインシュタインを脱出させたが、駅で待ちかまえていたのはランジュヴァンの息子をはじめとする歓迎の学生だった。アカデミー会員三十人は、もしアインシュタインが部屋に入ってきたら直ちに退室するという声明を出した。アインシュタインはアカデミー訪問を断った。一九四七年にアインシュタインはランジュヴァンへの追悼文で「もしよそでなされなかったら彼が特殊相対論を建設していただろうということは私には当然の結論であると思われる。というのも彼はその本質的な面を明瞭に理解していたからである」と書いている。

ランジュヴァンは一九二六年に物理化学学校校長に

パリ市立物理化学学校

なった。教育や研究で指導者になる一方で、反ファシズムと平和運動にも積極的な役割を果たした。一九二七年にはバルビュス、ロランとともに最初の反ファシスト会議を組織した。一九三二年にはアムステルダムとパリで開催した「戦争とファシズムに反対する国際会議」で不正を厳しく批判しファシズムに反対した。バルビュス、ロランの他にラッセル、アインシュタイン、ハインリヒ・マン、ゴーリキーらが集まった。一九四〇年にナチがフランスを占領するとランジュヴァンはゲシュタポに逮捕されラサンテ監獄に勾留、その後トロアで軟禁状態に置かれた。一九四二年三月一日に娘エレーヌの夫、理論物理学者でユダヤ人のジャック・ソロモンが逮捕され五月二十三日に処刑された。一九四三年一月二十四日にはエレーヌがアウシュヴィッツに送られた。洗濯船の名づけ親ジャコブの運命も苛酷だった。ユダヤ人のジャコブはサンブノア＝シュル＝ロアールの修道院に隠れた。ジャコブの弟と妹夫婦はアウシュヴィッツで殺された。ジャコブも一九四四年二月二十四日にゲシュタポに逮捕されたがドイツの強制収容所に移送される前の三月五日にドランシー収容所で病死した。ランジュヴァンは一九四四年五月に徒歩で国境を越えスイスに亡命した。パリ解放後の九月にフランスに戻ったが、十二月にエレーヌがアウシュヴィッツを脱走したことを知った。北駅でエレーヌを迎えたのは戦後の一九四五年五月十五日である。

　自由を求めてパリに行きパリに死んだ椎名其二は、占領下のパリでレジスタンスに協力し、パリ解放後ドランシー収容所に捕らえられたことがあるが、「佐伯

ポール・ランジュヴァン広場

祐三の死」(『中央公論』一九五八年二月号)の中でランジュヴァンのことを次のように書いている。

「私は直接氏の教えを受けたのではないが、ドイツ占領下において、ある社会学者――レジスタンでもあつた友人の紹介で直接知り合つたのだ。いろいろな意味で心から尊敬している人である。私を捕虜収容所から救いだしてくれるために、高齢の氏は病軀にもかかわらず、警視庁の五階まで上がつて行つて、私の釈放のために奔走してくれたのだつた。感涙にむせんだことである。ある日のこと、私がランジュバンの許にお礼かたがた訪問した時、「誰の心の底にもボンテ(善良さ)のあることが、こういう機会にわかりました」と言つたら、「いや、いつもそうだとはきまつていないんだよ」と言つて、年老いた彼が、少し下を向いて、低いやさしい声で頭を左右にふりながら、言葉少なに話したのには、私はハッとしたことがあつた。なるほど、彼が社会運動のために熱心に自己を捧げるという心持がわかつた。人間には醜い、好ましからざる本能があるから、それを根こそぎにしなければならない。

ランジュヴァン墓所

そのために彼は働いているのだ。政治的に動くよりも、むしろ彼が人間的に動いていることがわかつたのである。……これら友人たち、また私の知つた数多の優れた他の人たちも、みんなボンテを持ち合わせていた。否、ボンテそのものだつた。そう、ボンテは善良さに違いないが、日本語では言い尽くし得ない、ほんとうに人間の心の底から出てくるものなのだ。彼らにあつては、それは「働きかける善良さ」であつた。」

ランジュヴァンは一九四六年十二月十九日に物理化学学校内にあるアパルトマンで亡くなった。国葬によってペールラシェーズ墓地に埋葬されたが、一九四八年十一月十七日に友人ペランとともにパンテオンに移された。ピエールとマリー・キュリーがミッテラン大統領とワレサ大統領にともなわれてパンテオンに移されたのは一九九五年四月二十日のことである。ランジュヴァンの孫ミシェルとキュリーの孫エレーヌは物理化学学校の学生時代に出会い結婚した。

ピエールとマリー・キュリー墓所

シクスティーントンズ

ボーム
David Bohm

ジョンソン博士の家

「もし人がロンドンに飽きたなら彼は人生に飽きたのだ」と言ったのはサミュエル・ジョンソン博士だが、ジョンソン博士の唯一現存する家がフリート通りを入った路地の奥にある。その前に愛猫ホッジの銅像がある。ジョンソン博士やディケンズ、テニソン、イェイツ、トゥエイン、ドイル、チェスタートンたちが通ったパブ"Ye Olde Cheshire Cheese"も近くに現存する。"Ye"は中世の"The"で「ジ」と発音する。フリート通りは、ホームズ物語で、「赤毛組合」の欠員募集に集まった赤毛の人たちで埋め尽くされた通りだ。中世のフリート通りは悪臭を放つ不潔などぶ川だった。フリート通りからフェターレインを抜けるとガラス張りの現代的な建物に出る。スーパー大手センスベリー本社で、かつてデイリーミラー社があった場所だ。ヒトラーに対する宥和政策に一貫して反対し、英国で唯一イラク戦争に反対したタブロイド判新聞社だ。

フェターレインの途中の三叉路にジョン・ウィルクスの銅像がある。ウィルクスは国王ジョージ三世や政

ウィルクス銅像

府を激しく攻撃したことで人気がある下院議員だった。ウィルクスが創刊した新聞ノースブリトンが国王の議会演説を批判したかどで、ウィルクスら四十六人が逮捕され、ウィルクスはロンドン塔に投獄された。裁判所は逮捕が違法で権利章典に反するとして全員を釈放した。これ以後新聞が議会を批判する権利を持つことが認められた。だが議会はウィルクスがわいせつ文書を印刷したことを告訴し、裁判所はパリに亡命したウィルクスの法的権利を剝奪した。ウィルクスは帰国後再び下院議員に当選したが、議会は無効を宣言しウィルクスを逮捕させた。牢獄の前に集まったウィルクスを支持する民衆に向けて軍隊が発砲したので七人の死者が出た。二、三、四月に行われたやり直し選挙でいずれもウィルクスが大勝したが議会はウィルクスの当選を認めなかった（このとき議会側に立ったのがジョンソン博士だ）。出獄したウィルクスは新聞が議会審議を報道する権利のために戦った。ウィルクスは一七七四年にロンドン市長になっている。

　ウィルクスは容貌は醜いが、才気煥発で、悪名高い放蕩者だった。一方では宗教的寛容を促進し、新聞の自由を擁護し、労働者が議会代表を持つべきだと説いた。とくに植民地アメリカとの戦争に反対したことから米国人の間で人気があった。ペンシルヴェニア州にあるWilkes-Barre市はウィルクスの名を冠している。Barreは英国下院議員イザーク・バレーに由来し、その名からわかるようにフランス人亡命者の子である。植民地アメリカへの課税を強硬に反対した人である。

　永井荷風は一九〇五年六月三十日にWilkes-Barre駅でニューヨーク行きの汽車に乗っている。だが現在は鉄道の便はなく、フィラデルフィアからでもニューヨークからでもバスで三時間かかる。フィラデルフィアからは実質一日に一本しかない。グレイハウンドの切符売り場でBarreの発音に困った。語尾をごまかして「ウィルクス＝バール」と言ったらなにも聞き返さず切符を売ってくれた。だが後で現地の女性に訊ねたら「ウィルクス＝ベリー、いちごとおなじ発音よ」と教えてくれた。バスは町の中心パブリック広場に到着する。そこに斜視のウィルクスと隻眼のバレーの肖

パブリック広場記念碑（左頁）

像レリーフがある。

ウィルクス＝ベリーはワイオミング渓谷を流れるサスクェハナ河畔の町である。十九世紀に無煙炭が利用されるようになると次々と鉱山会社が設立された。相次ぐ悲惨な事故、苛酷な労働条件、低賃金にもかかわらず移民が大挙して「ダイアモンドの町」にやってきた。大飢饉でアイルランド人がやってきた。国を失ったポーランド人がやってきた。ツァーリの迫害を逃れてユダヤ人がロシア、ポーランド、リトアニアからやってきた。街角ではあらゆるヨーロッパの言葉が飛び交い、さながらバベルのようだった。現在のワイオミング渓谷人口構成比はポーランド人二十五パーセントを筆頭にアイルランド人十五パーセント、ドイツ人十四パーセントと続き、あまり変化していない。

かつて「シクスティーントンズ」というフォークソングがはやった。「貧しい男は筋肉と血、皮と骨でできている。心は弱く背中は強い。お前は十六トン運んでなにを得る？　一日年をとり借金が増える。おれは魂を会社の店に借りている。」鉱山会社は労働者に安普請の住宅を高家賃で貸し、会社経営の店で生活品を買わせ、給料から天引きした。奴隷制のような最悪の資本主義だ。少年たちは学校に行かせてもらえず長時間重労働を強いられた。石炭の粉で顔をまっ黒にした少年たちの当時の記念写真を見ると胸が痛む。だが戦後の炭坑閉山とともに町は衰退した。ケネディは一九六〇年十月二十八日大統領選挙運動中にパブリック広場で待つ三万五千人もの市民に熱狂的に歓迎され、川縁にある高級ホテル「スターリング」に宿泊した。翌月九日にケネディは大統領に選ばれた。だが現在スターリングホテルは廃墟のまま放置されている。さらに一九七二年の大洪水で町は壊滅的な打撃を受けた。パブリック広場から始まる本通り商店街の大半の店は閉まっている。書店は郊外のショッピングモールにしかないとのことだ。バスで「ワイオミング渓谷モール」に行ってみた。モールの中だけでもバスが必要なくらい広大な敷地である。バスの運転手が「帰りはどうするんだ。十一時にここを通るからピックアップしてあげられるが二時間で買い物は大丈夫か」と言ってくれ

スターリングホテル廃墟

た。書店は全米に支店網を持つバーンズ＆ノーブルだ。不肖ぼくも会員である。十パーセント割引で本を買って十パーセント割引のコーヒーをすすりながら考えた。日本のいたるところで商店街がつぶれているが、それは米国で始まったのだ。こんなことをまねするべきではない。日本でも米国でも、ウィルクス＝ベリーでも、活気ある（本屋がある）商店街が復活してほしいものだ。

デイヴィド・ボームは一九一七年十二月二十日にウィルクス＝ベリーで生まれた。父は十代後半にハンガリーの町（現在はウクライナ領）から移住してきたユダヤ人である（ヨーロッパに残った親族のうち十九人はナチに殺された）。エリス島で移民管理官が、もとの姓デュームは英語で間抜けを意味するから、とボームに変えた。父はポプキー家に下宿した。リトアニアから移住してきたユダヤ人一家で中古家具店を営んでいた。父はポプキーの娘と結婚しHazle通りで中古家具店を始めた。ボームの唯一の伝記では通りの名がHazelになっている。誤りだ。泊まったホテルのフロ

ヘズル通り生家

ントでその場所や発音を訊いていたら、料理人が出てきて「ヘズル通りならおれのうちの近くだよ。その番地の家も知ってるぜ」と教えてくれた。

ウィルクス＝ベリーの往時の繁栄をしのばせるのは川に平行するフランクリン通りである。ボームが通った図書館が現存する。立派な家が並んでいるが、かなりの家は無人になっている。町はずれでフランクリン通りを曲がり、工場廃墟のあたりで鉄道廃線を越えるとまっすぐの坂道ヘズル通りになる。坂道を上りつめてしばらく行くと古めかしい電器・家具店がある。かつてのボーム家具店だ。若い店主は、当然というか、ボームを知らなかった。

ボームは山手をしばらく行った南グラント通りにあるGAR記念高校に通った（GARは南北戦争従軍軍人会のことだが対抗試合で来る他校の生徒はgarbage, ashes, rubbish と言ってからかった）。一九二九年の大恐慌はウィルクス＝ベリーの炭坑夫を直撃した。労働者の惨状を目撃したことはボームの生涯に大きな影響を与えることになる。ボームは一九三五年に高校を卒業し、エリート校ではなく田舎町カレッジパークにあるペンシルヴェニア州立カレッジ「ペンステイト」に入学した。本を読み友人や教師と議論し一人で考えることが楽しかった。一九三九年九月ヨーロッパで第二次大戦が始まっていた。ボームはグレイハウンドに乗って西部に向かった。カリフォルニア工科大学「カルテク」大学院に進学するためである。ペンステイトが奨学金を出してくれた。カルテクはペンステイトとは違って、宿題や試験が頻繁にありいつも競争を強いられた。物理の基本原理を理解することよりも目先の問題を解くことが優先された。それでもボームはスマイスが出した問題をすべて解いた最初の学生という伝説を残した。だが問題を解くことに嫌気がさしたボームは一九四一年に、カリフォルニア大学バークリー校で理論物理学の学派をつくっていたオッペンハイマーのもとに赴いた。ボームはオッペンハイマーに魅了された。物理だけではなくオッペンハイマーの周囲にいた左翼学生たちの影響を受けマルクス主義者になった。一九四二年に共産党に入党したが九か月で離党した。ボームがマルクス主義を離れるのは一九五六年のハンガリー事件の頃である。

オッペンハイマーがボームに与えた課題は陽子と重陽子の衝突を解析することである。だが研究成果はマンハッタン計画に関連して機密扱いになった。ボームは自分自身の研究を利用できず、学位論文を書くことさえ許されなかった。研究を成功裡に完成したことをオッペンハイマーが証明したので、ボームは一九四三年に学位を授与された。オッペンハイマーはボームをロスアラモスに連れていきたかったが、当局はそれを

デイヴィッド・ボーム
©Mark Edwards/Still Pictures

アインシュタイン旧居

拒否した。

ボームは一九四六年に磁場中における電子気体の拡散係数を与えた。磁場に比例し、温度に反比例するボームの公式はプラズマ振動による拡散の増大を半現象論的に導いたものだが、実験によく一致する。拡散係数が磁場に反比例する現象を「ボーム拡散」と呼ぶ。量子電気力学における発散を波動関数の繰り込みによって取り除く方法を提案したボームに感銘を受けたホイーラーの招きで一九四七年にプリンストン大学助教授になった。小さなプリンストン駅の右側がプリンストン大学だ。駅の左側に出てマーサー通りをしばらく歩くとアインシュタインの家がある。さらに先にプリンストン高等研究所がある。

戦後の米国で「魔女狩り」が始まった。一九四九年に大陪審はボームを召喚し、同僚に関する証言を求めたが、ボームは憲法修正第五条により証言を拒否した。ボームは研究室で逮捕され国会侮辱罪で起訴された。プリンストン大学は保釈されたボームの学内立入と講義を禁止した。翌一九五〇年三月に出された判決は無罪だった。だが、物理学科の意志に反して、大学は六月に切れるボームとの契約を更新しなかった。一九六二年になっても学長はその決定が政治的なものではなく学問上のことであったと言っているが、それでは学問を判断する資格がなかったことになる。

ボームは失職すると教科書『量子論』の完成に集中した。一九五一年に出版されたこの本は正統的なコペンハーゲン解釈に基づいている。本を受け取ったアインシュタインはボームを招いて疑問をぶつけた。それまで抱いていた量子論に対するボームの疑問に火がついた。ボームは量子論を決定論的な立場から理解できるようにアインシュタインの言う「隠れた変数」を探した。波動関数を振幅と位相で表すとシュレーディンガー方程式は位相に対するハミルトン–ヤコービ方程式になる。ただし振幅に依存し古典力学にない項がポテンシャルに加わる。ボームはこの「量子力学ポテンシャル」を加えたニュートン方程式を初期位置を与えて解けば決定論的な古典解が決まると考えた。この初期位置が「隠れた変数」の役割を果たす。ド・ブロイは、一九二七年のソルヴェー会議で類似した「先導波」を提案したが、パウリに強く批判された、と手紙を書いてきた。ド・ブロイはボームに刺激されてジャン＝ピエール・ヴィジエとともに昔の研究を再開した。貴族のド・ブロイとマルクス主義者のヴィジエは面白い取り合わせだが、ボームは後にヴィジエと共同研究をしている。また学生デイヴィド・パインズと共同で電子気体に関する研究を行った。クーロン力が集団運動素励起をつくりだし、クーロン力が粒子相関によって強く遮蔽されることを示している。そこで用いられ

PHYSICAL REVIEW VOLUME 85, NUMBER 2 JANUARY 15, 1952

A Suggested Interpretation of the Quantum Theory in Terms of "Hidden" Variables. I

DAVID BOHM*
Palmer Physical Laboratory, Princeton University, Princeton, New Jersey
(Received July 5, 1951)

The usual interpretation of the quantum theory is self-consistent, but it involves an assumption that cannot be tested experimentally, viz., that the most complete possible specification of an individual system is in terms of a wave function that determines only probable results of actual measurement processes. The only way of investigating the truth of this assumption is by trying to find some other interpretation of the quantum theory in terms of at present "hidden" variables, which in principle determine the precise behavior of an individual system, but which are in practice averaged over in measurements of the types that can now be carried out. In this paper and in a subsequent paper, an interpretation of the quantum theory in terms of just such "hidden" variables is suggested. It is shown that as long as the mathematical theory retains its present general form, this suggested interpretation leads to precisely the same results for all physical processes as does the usual interpretation. Nevertheless, the suggested interpretation provides a broader conceptual framework than the usual interpretation, because it makes possible a precise and continuous description of all processes, even at the quantum level. This broader conceptual framework allows more general mathematical formulations of the theory than those allowed by the usual interpretation. Now, the usual mathematical formulation seems to lead to insoluble difficulties when it is extrapolated into the domain of distances of the order of 10^{-13} cm or less. It is therefore entirely possible that the interpretation suggested here may be needed for the resolution of these difficulties. In any case, the mere possibility of such an interpretation proves that it is not necessary for us to give up a precise, rational, and objective description of individual systems at a quantum level of accuracy.

1. INTRODUCTION

THE usual interpretation of the quantum theory is based on an assumption having very far-reaching implications, viz., that the physical state of an individual system is completely specified by a wave function that determines only the probabilities of actual results that can be obtained in a statistical ensemble of similar experiments. This assumption has been the object of severe criticisms, notably on the part of Einstein, who has always believed that, even at the quantum level, there must exist precisely definable elements or dynamical variables determining (as in classical physics) the actual behavior of each individual system, and not merely its probable behavior. Since these elements or variables are not now included in the quantum theory and have not yet been detected experimentally, Einstein has always regarded the present form of the quantum theory as incomplete, although he admits its internal consistency.[1-5]

Most physicists have felt that objections such as those raised by Einstein are not relevant, first, because the present form of the quantum theory with its usual probability interpretation is in excellent agreement with an extremely wide range of experiments, at least in the domain of distances[6] larger than 10^{-13} cm, and, secondly, because no consistent alternative interpretations have as yet been suggested. The purpose of this paper (and of a subsequent paper hereafter denoted by II) is, however, to suggest just such an alternative interpretation. In contrast to the usual interpretation, this alternative interpretation permits us to conceive of each individual system as being in a precisely definable state, whose changes with time are determined by definite laws, analogous to (but not identical with) the classical equations of motion. Quantum-mechanical probabilities are regarded (like their counterparts in classical statistical mechanics) as only a practical necessity and not as a manifestation of an inherent lack of complete determination in the properties of matter at the quantum level. As long as the present general form of Schroedinger's equation is retained, the physical results obtained with our suggested alternative interpretation are precisely the same as those obtained with the usual interpretation. We shall see, however, that our alternative interpretation permits modifications of the mathematical formulation which could not even be described in terms of the usual interpretation. Moreover, the modifications can quite easily be formulated in such a way that their effects are insignificant in the atomic domain, where the present quantum theory is in such good agreement with experiment, but of crucial importance in the domain of dimensions of the order of 10^{-13} cm, where, as we have seen, the present theory is totally inadequate. It is thus entirely possible that some of the modifications describable in terms of our suggested alternative interpretation, but

* Now at Universidade de São Paulo, Faculdade de Filosofia, Ciencias, e Letras, São Paulo, Brasil.
[1] Einstein, Podolsky, and Rosen, Phys. Rev. 47, 777 (1935).
[2] D. Bohm, *Quantum Theory* (Prentice-Hall, Inc., New York, 1951), see p. 611.
[3] N. Bohr, Phys. Rev. 48, 696 (1935).
[4] W. Furry, Phys. Rev 49, 393, 476 (1936).
[5] Paul Arthur Schilp, editor, *Albert Einstein, Philosopher-Scientist* (Library of Living Philosophers, Evanston, Illinois, 1949). This book contains a thorough summary of the entire controversy.
[6] At distances of the order of 10^{-13} cm or smaller and for times of the order of this distance divided by the velocity of light or smaller, present theories become so inadequate that it is generally believed that they are probably not applicable, except perhaps in a very crude sense. Thus, it is generally expected that in connection with phenomena associated with this so-called "fundamental length," a totally new theory will probably be needed. It is hoped that this theory could not only deal precisely with such processes as meson production and scattering of elementary particles, but that it would also systematically predict the masses, charges, spins, etc., of the large number of so-called "elementary" particles that have already been found, as well as those of new particles which might be found in the future.

166

「隠れた変数による量子論の示唆的解釈について」

ブリストル大学物理教室

たのは「乱雑位相近似」と呼ばれる普遍的な方法で、その用語も彼らに由来する。

　米国の教育研究機関から締め出されたボームは一九五一年十月にブラジルに移住しサンパウロ大学教授になった。一九五五年にはハイファにあるイスラエル工科大学「テクニオン」から招聘されたが、ブラジルの米国大使館はボームの旅券を没収していたからボームはブラジル国籍を取得して出国するしかなかった。さらに一九五七年に英国に移住しブリストル大学の一研究員になった。ボームは一九五九年にテクニオンから連れてきたヤキル・アハロノフとともにアハロノフ＝ボーム効果を発見した。量子力学にとって本質的に重要な現象だ。ゲージ変換によって変化する電磁ポテンシャルは物理的な意味を持つとは考えられていなかったが、アハロノフとボームは電磁ポテンシャルが観測に影響を与えることを次のように示した。電磁場中の荷電粒子の波動関数はロンドンが発見した位相因子を持つ。位相は電磁ポテンシャルの線積分に比例する。二つの異なる経路を通過させた荷電粒子の波動関数を干渉させると、干渉領域の確率密度は閉曲線上の線積分に比例する位相のずれを受ける。遮蔽された磁場の周りの二経路を取ると、位相のずれは閉曲線に囲まれた面を通過する磁束に比例する。荷電粒子は磁場のない場所を通過しても磁場の影響を受けることになる。アハロノフとボームは磁場ばかりでなく電場がある場合も論じている。

　仕切りを隔ててボームと研究室を共有していた実験物理学者ロバート・チェンバーズはボームの提案を受

バークベックカレッジ

けて翌年アハロノフ-ボーム効果の最初の実験的検証を行った。ボームは論文発表後アハロノフ-ボーム効果に先駆者がいることを知った。一九四九年にバークベックカレッジでロウリー・サイデイはヴェルナー・エーレンベルクとともに電子レンズの研究中に干渉効果を見つけた。サイデイはボルンと激しい議論をしたがボルンは重要な物理的意味があることを見逃した。エーレンベルクとサイデイの論文は注目されなかった。ボームは後にエーレンベルク-サイデイ-アハロノフ-ボーム効果と名づけて彼らに先取権を与えている。

ボームは一九六一年にバークベックカレッジの理論物理学教授になった。ボームを招いたのは物理学者でマルクス主義者、平和運動家のジョン・デズモンド・バーナルである。エーレンベルクも選考委員の一人だった。バークベックは労働者のための高等教育機関として発足し、入学資格を問わず、働きながら学位を取ることができる質の高い定時制大学である。講義は早朝と夕方に行われる。学生の九割以上が二十五歳を過ぎている。もとフェターレインにあったが現在はラッセル広場に面するロンドン大学構内にある。T・S・エリオットは広場に面した出版社フェイバー・アンド・フェイバーを率いていた。エリオットは若い頃バークベックで英語を教えたこともある。

ボームは一九八七年の定年後もバークベックで研究を続けた。亡くなるまで住んだ家はロンドン北郊エッジウェアにあった。バークベックからグージ通り駅に出て地下鉄ノーザン線で北上すれば終点エッジウェアまで乗り換えなしで行ける。一九九二年十月二十七日

ボーム墓碑

の午後ボームはバークベックからの帰途エッジウェア駅でタクシーに乗った。タクシーが自宅に到着したとき、ボームは突然心臓発作に襲われ、そのまま亡くなった。ロンドン北郊の町ウォルサムアビーにあるユダヤ人墓地に埋葬された。墓地はウォルサムクロス駅からバスでしばらく行ったエピング森林の手前にある。受付でユダヤ人の帽子キパーを渡されたが、ボームの墓までカートで連れて行ってくれた。こんなに親切な墓地は初めてだ。墓碑には「偉大なる教師　彼を知る

すべての人にとっての霊感」と刻まれている。ウィルクスはグロヴナー広場に面する米国大使館の角向かいにあるフラットで最晩年を過ごした。墓所は近くのグロヴナー礼拝堂にある。第二次大戦中は米国人の礼拝所だった。二階へ上るドアは閉まっていたが、階下からでも「自由の友」と刻まれたウィルクスの墓碑を見ることができた。

ウィルクス墓碑

ホーエンツォレルン城

ハイゼンベルク
Werner Heisenberg

ホーエンツォレルン城

ネカー河畔の大学町テュービンゲンから南に二十キロほど下るとヘヒンゲンという小さな町がある。アインシュタインの父に財政援助をした「金持ちの伯父さん」ルードルフ・アインシュタインはここで繊維工場を経営していた。アインシュタインはその娘、従姉エルザと二度目の結婚をした。ヘヒンゲンからはツォラー山が見える。山といってもユラ山脈からぽつんと飛び出た丘である。美しい形をした丘の頂にホーエンツォレルン城がそびえている。城からユラ山脈やネカー渓谷の大パノラマを見るのもよいが、南側に対峙するライヒベルクの台地から城を遠望するロマンティックな眺めがすばらしい。東西ドイツ分裂時代に城に安置されていたフリードリヒ大王の柩は現在はポツダムに戻っている。プロイセンのホーエンツォレルン家が南ドイツに城を持つのは不思議な気がするが、プロイセンとシュヴァーベンのホーエンツォレルン家のつながりが文献的に証明されたのは十九世紀になってからだ。現在の城は懐古趣味によって築かれた。完成は一八六七年である。

ヘヒンゲン

ヘヒンゲン旧市街は丘の上にあり、マルクト広場と市庁舎がある。ふもとへは市庁舎脇の急な石段を下る。ふもとを流れるネカー支流シュタルツェル川岸の通りイム・ヴァイヘルの繊維工場にハイゼンベルクが率いるカイザー・ヴィルヘルム物理学研究所があった。ハイゼンベルクたちは毎日ホーエンツォレルン城を見上げて仕事についたのだろう。ハイゼンベルクに部屋を貸した繊維工場主は角向かいの小さな家を指して、「ご覧なさい。あの家はアインシュタイン家のものですよ」と言った。ヘヒンゲンの町を歩いてみたがハイゼンベルクの住んだ家は見つからなかった。

カイザー・ヴィルヘルム物理学研究所は一九一七年十月一日にアインシュタインを所長として発足したが、所員も建物もなく、物理の実験研究を支援する基金を管理する理事会があるだけだった。一九三三年にアインシュタインが亡命先から辞任した後デバイが所長になり、一九三八年五月三十日にはロックフェラー財団の資金によってベルリン・ダーレム地区のボルツマン通りに建物（現在はベルリン自由大学記録保管所）が建てられた。だが一九四〇年に陸軍兵器局が研究所を接収したのでデバイは米国に亡命した。陸軍兵器局が支配権を放棄した一九四二年七月一日にハイゼンベルクは研究所「における」所長に着任した。奇妙な職名だが所長デバイは休職中ということになっていたからだ。ハイゼンベルクは十月一日に、アインシュタインがそうだったように、講義の義務のないベルリン大学教授を兼任した。ハイゼンベルクは一九四三年末までに研究所をヘヒンゲンに疎開させた。連合国のベルリン空襲が激しくなっていた。

ヘヒンゲンから十二キロほど西に風光明媚なハイガーロッホ村がある。この村にもネカー支流アイアハ川が蛇行して流れている。四方を山に囲まれた渓谷の底を流れる川岸に岩山があり、切り立った崖の上に城と城に付属する教会が立っている。周囲の山の上から町を見下ろす景色は、絵のような、と言うしかない美しさだ。それにふさわしくないが、教会の真下に「アトムケラー（原子地下室）」がある。崖をくりぬいてつくったビール貯蔵室を借りてハイゼンベルクたちは原子炉をつくっていたのだ。驚くほど小さい施設だった。一九四五年二月末に装置と材料が運び込まれ、三月初めには最終組み立て段階に入った。だが原子炉が完成されることはなかった。米国ではフェルミが一九四二年十二月二日にすでに臨界に成功していることをハイゼンベルクたちは知らなかった。四月二十三日米軍のジープ隊と装甲部隊がハイガーロッホとヘヒンゲンにやってきた。米軍はヴィルツ、バッゲ、ヴァイツゼカー、ラウエを逮捕し、論文を押収し、原子炉を解体し

ハイガーロッホ

アトムケラー

た。ハイゼンベルクは四月二十日払暁に自転車で脱出していた。直線距離でも二百キロある距離を三日で走破し家族のいるミュンヘン郊外の山の中にあるウルフェルトに到着した。ヒトラーは四月三十日にベルリンの地下壕で自殺した。ハイゼンベルクがウルフェルトの山小屋で逮捕されたのは五月三日である。五月七日にドイツ第三帝国は無条件降伏した。ハイゼンベルクが広島への原爆投下を知ったのは抑留地の英国においてであった。

ヴェルナー・ハイゼンベルクは一九〇一年十二月五日にヴュルツブルクのハイディングスフェルダー通りのアパートで生まれた。レントゲンが新婚時代を過ごしたアパートがあった通りでもあるがいずれも空襲で破壊され現存しない。父はギムナジウム古典語教師でハイゼンベルクが生まれた月にヴュルツブルク大学で教授資格を得た。父がミュンヘン大学教授として招聘されたので一家は一九一〇年六月にミュンヘンに引っ越した。地下鉄ホーエンツォレルン広場駅で降りると

ハイゼンベルクの原子炉

ホーエンツォレルン通り旧居

東西に伸びるホーエンツォレルン通りに出る。路面電車が走る通りに面してハイゼンベルクのレリーフを取り付けたアパートがある。ハイゼンベルクは自宅と同じ通りでホーエンツォレルン広場の一ブロック先にあるエリーザベト学校に転校した。一九一一年九月十八日にカール・テーオドール通りにあるマクシミリアンギムナジウムに進学した。母方の祖父が校長をしていた。上流階級の子弟のためのエリート校でプランクも卒業生である。第一次大戦中はギムナジウムの国防団に所属した。戦後のレーテ（ソヴィエト）革命では革命を鎮圧する白軍に参加している。

ハイゼンベルクは一九二〇年十月二十一日からミュンヘン大学で学び始めた。最初数学を専攻しようとして、円周率が超越数であることを証明した数学者リンデマンに面会したが相手にされなかった。そこでゾマーフェルトの理論物理学研究室に属することになった。このとき一年間を過ごしたパウリとは生涯の友人になった。一九二二年にゾマーフェルトがウィスコンシン

エリーザベト学校

ミュンヘン大学物理研究室

で客員教授を務めることになったのでハイゼンベルクは十月から翌年五月までゲッティンゲンのボルンのもとで過ごした。ハイゼンベルクの博士論文は「流体の流れの安定性と乱流について」である。流体の層流から乱流への遷移を決める定数はレノルズ数として知られているが、ハイゼンベルクの課題は流体力学の基本方程式からそれを導くことだった。学位取得口述試験は一九二三年七月二十三日に行われた。

ミュンヘン大学の物理研究室はゾマーフェルトとヴィーンが主宰していた。ヴィーンは「ヴィーンの輻射式」を発見した実験物理学者だ。ヴィーンの家は郊外ボーゲンハウゼンのコルベルガー通りに残っている。イーザル川を渡り英国庭園を突き切って大学に通ったのだろう。ハイゼンベルクは口述試験で実験物理を軽視したつけがまわった。ヴィーンはハイゼンベルクが真面目に実習をしなかったことを憶えていた。ハイゼンベルクは干渉計、望遠鏡、顕微鏡の分解能に関するヴィーンの質問に答えられなかった。蓄電池の原理に

ヴィーン旧居

ついての質問にも答えられなかった。激怒したヴィーンは最低の評価Vを与えた。ゾマーフェルトが最高の評価Iを与えたので物理学の評価はIIIとなってハイゼンベルクは辛うじて口述試験に合格した。学位論文は翌年『物理学年報』に発表されたが一九二六年にフリッツ・ネーターが疑問を呈した。その正しさが確認されるまで四半世紀を要した。

口述試験の失敗にもかかわらずボルンはハイゼンベルクを助手に雇った。ハイゼンベルクは一九二四年の復活祭休暇にコペンハーゲンのボーアを訪れた。ボーアは、物理を語り合うためにリュックを背負い、二十二歳のハイゼンベルクを連れてヘルシングエールまで往復するハイキングに出かけた。ハイゼンベルクは七月二十八日に試験講義を行って教授資格を得た。そして九月にコペンハーゲンでクラマースと共同研究を始めた。原子系による光の分散を与える量子論的表式は一九二四年にクラマースが初めて導いた。クラマースとハイゼンベルクは翌一九二五年に「原子による輻射の分散について」を発表した。ハイゼンベルクにとってこの研究がヒントになった。ゲッティンゲンに戻ったハイゼンベルクは、北海に浮かぶヘルゴラント島で、ついに解答を見つけた。電磁場と相互作用する非調和振動子を考察し、ある振動数で振動する振動子の座標のフーリエ変換が、量子論では、振動子が光子を放出して始めの振動数から終わりの振動数に遷移する振幅だと考えついた。座標の積は、中間のすべての振動数について和を取ったものであるとした。六月二十九日に受理された論文「運動学および力学の関係式の量子論的再解釈について」が突破口になった。その論文を読んだボルンはハイゼンベルクの遷移振幅が行列であることに気づいた。ボルンとヨルダンは「量子力学について」で座標と運動量の交換関係を与えた。ボルン、ハイゼンベルク、ヨルダンの「量子力学についてII」によって行列力学が完成した。

ハイゼンベルクが量子力学の基本原理である不確定性原理を発見したのは一九二七年である。三月二十三日に受理された論文「量子論的運動学および力学の直観的内容について」において、座標と運動量が同時に

172

Über den anschaulichen Inhalt der quantentheoretischen Kinematik und Mechanik.

Von **W. Heisenberg** in Kopenhagen.

Mit 2 Abbildungen. (Eingegangen am 23. März 1927.)

In der vorliegenden Arbeit werden zunächst exakte Definitionen der Worte: Ort, Geschwindigkeit, Energie usw. (z. B. des Elektrons) aufgestellt, die auch in der Quantenmechanik Gültigkeit behalten, und es wird gezeigt, daß kanonisch konjugierte Größen simultan nur mit einer charakteristischen Ungenauigkeit bestimmt werden können (§ 1). Diese Ungenauigkeit ist der eigentliche Grund für das Auftreten statistischer Zusammenhänge in der Quantenmechanik. Ihre mathematische Formulierung gelingt mittels der Dirac-Jordanschen Theorie (§ 2). Von den so gewonnenen Grundsätzen ausgehend wird gezeigt, wie die makroskopischen Vorgänge aus der Quantenmechanik heraus verstanden werden können (§ 3). Zur Erläuterung der Theorie werden einige besondere Gedankenexperimente diskutiert (§ 4).

Eine physikalische Theorie glauben wir dann anschaulich zu verstehen, wenn wir uns in allen einfachen Fällen die experimentellen Konsequenzen dieser Theorie qualitativ denken können, und wenn wir gleichzeitig erkannt haben, daß die Anwendung der Theorie niemals innere Widersprüche enthält. Zum Beispiel glauben wir die Einsteinsche Vorstellung vom geschlossenen dreidimensionalen Raum anschaulich zu verstehen, weil für uns die experimentellen Konsequenzen dieser Vorstellung widerspruchsfrei denkbar sind. Freilich widersprechen diese Konsequenzen unseren gewohnten anschaulichen Raum-Zeitbegriffen. Wir können uns aber davon überzeugen, daß die Möglichkeit der Anwendung dieser gewohnten Raum-Zeitbegriffe auf sehr große Räume weder aus unseren Denkgesetzen noch aus der Erfahrung gefolgert werden kann. Die anschauliche Deutung der Quantenmechanik ist bisher noch voll innerer Widersprüche, die sich im Kampf der Meinungen um Diskontinuums- und Kontinuumstheorie, Korpuskeln und Wellen auswirken. Schon daraus möchte man schließen, daß eine Deutung der Quantenmechanik mit den gewohnten kinematischen und mechanischen Begriffen jedenfalls nicht möglich ist. Die Quantenmechanik war ja gerade aus dem Versuch entstanden, mit jenen gewohnten kinematischen Begriffen zu brechen und an ihre Stelle Beziehungen zwischen konkreten experimentell gegebenen Zahlen zu setzen. Da dies gelungen scheint, wird andererseits das mathematische Schema der Quantenmechanik auch keiner Revision bedürfen. Ebensowenig wird eine Revision der Raum-Zeitgeometrie für kleine Räume und Zeiten notwendig sein, da wir durch Wahl hinreichend schwerer Massen die quantenmechanischen Gesetze den

「量子論的運動学および力学の直観的内容について」

確定できないとする驚くべき考えを公表した。ハイゼンベルクはその中で顕微鏡を思考実験に使った。顕微鏡の分解能に注意を向けてくれたヴィーンに恩返ししたことになるのだろう。ハイゼンベルクは同年十月一日にライプツィヒ大学教授になった。二十五歳の正教授だ。一九二八年には「強磁性の量子論について」を発表した。隣り合う原子間で電子を交換することから生じる相互作用によって強磁性を説明した。一九二九年にはパウリと共著で相対論的場の量子論の基礎的論文を発表した。一九三二年にチャドウィックが中性子を発見するとイヴァネンコはすぐに中性子が陽子とともに原子核の構成粒子であると考えついた。ハイゼンベルクは同年六月七日に受理された論文「原子核の構造について」で、イヴァネンコと同じ考えを発展させて、「アイソスピン」を導入した。陽子と中性子が同じ粒子の異なる状態と考えた。

ハイゼンベルクは一九三三年十二月十一日に一九三二年度ノーベル賞を受賞した。だがすでにヒトラーが政権を掌握し、恐怖政治が始まっていた。一九三五年に定年を迎えたゾマーフェルトは後任としてハイゼンベルクを推薦したがナチの妨害で人事は進まなかった。ハイゼンベルクは一九三七年四月二十九日にダーレムにある聖アネン教会でエリーザベトと結婚したが平穏な生活は訪れなかった。七月十五日に親衛隊新聞『黒い軍団』に「科学における白いユダヤ人」という論説が掲載された。執筆者ヨハネス・シュタルクはナチ物理学者でハイゼンベルクがアインシュタイン理論を受け入れていると攻撃した。ミュンヘン大学の後任人事を妨害するためである。ハイゼンベルクは、母親同士が知り合いという関係を使って、親衛隊長官ヒムラーに直接手紙を書いて訴えた。シュタルクの攻撃がおさまったのはヒムラーが一年後の七月二十一日付でハイゼンベルクの言い分を認める返事を書いたからである。だが一九三九年十二月一日に物理の論文を書いたことがない航空力学のヴィルヘルム・ミュラーがゾマーフェルトの後任になった。

一九三九年九月一日には第二次大戦が始まっていた。ハイゼンベルクは二十八日に陸軍兵器局に出頭し原子力の応用について研究を命じられた。それから二年が経過し、ハイゼンベルクたちの「ウランクラブ」の研究が進展していた頃、ハイゼンベルクとヴァイツゼカーはドイツ占領下のコペンハーゲンに赴いた。ドイツ文化協会が九月十八日から開催する会議で講演するためである。十七日から二十日までの間のある日、ハイゼンベルクは恩師ボーアを訪問した。訪問の真意は何だったのか、いったい何を話し合ったのか。マイケル・フレインの戯曲『コペンハーゲン』はロンドン、パリ、ニューヨークなどで公演されて評判になった。東京でも、二〇〇一年秋に、ボーアを江守徹、ボーア夫人マルグレーテを新井純、ハイゼンベルクを今井朋彦が演じて好評だった。二〇〇六年秋にも再演されたが、ボーアを村井国夫が演じた。三人が死後の世界から「謎の一日」をそれぞれの立場から再現しようとする、という黒澤映画の『羅生門』のような設定で、歴史の「不確定性」に迫ることを試みたスリリングなドラマである。

ヴェルナー・ハイゼンベルク

ハイゼンベルクはボーアに「核兵器製造は理論上可能である」けれども「現実には短期間に実現できない」ことを伝え、ドイツが核兵器を開発する意志がないことを暗黙のうちに理解させようとしたが、ボーアは前段で動転しハイゼンベルクの意図を受けとめることができなかった、というのがハイゼンベルクの言い分である。理論物理学者でボーアの伝記を書いたパイスは登場人物の三人をよく知っていた。パイスは亡くなった二〇〇〇年に『コペンハーゲン』に関して書いた論評の中で、「ハイゼンベルクは原爆をつくるのに何が必要かわからなかった。ボーアは原爆をつくることは不可能だと思ってしまった。二人の偉大な物理学者は後になって誤りを認めることができなかったのではないだろうか」と言っている。

学位取得口述試験で最高点と最低点をもらったハイゼンベルクだが、現在に至るまでハイゼンベルクに対する評価も人によって大きく異なる。ハイゼンベルクはなぜドイツにとどまってナチに荷担したのだろう。ナチの残虐行為を知りながら、なぜそれを黙認し、核開発を進めたのだろう。マイトナーは一九四五年に「ハイゼンベルクもまた不誠実さにむしばまれています。彼の異常な行動、一九四一年に彼がヴァイツゼカーとともにドイツ物理会議を開催するためコペンハーゲンにやってきて、それが不公正であると理解することを完全に拒絶したときのことを若いデンマーク人同僚〔メラー〕から聞きました。彼はドイツの勝利という妄想に取り憑かれていて、優等人間とドイツが支配する国家という理論を話していたのです」と書いている。ハイゼンベルクは一九四七年十二月に訪英したが、亡命物理学者フランツ・ジーモンに向かって「ナチがもう五十年権力を持っていたら彼らはきわめてまともになっていただろう」と言っている。ゲッティンゲンを追われ英国に亡命した恩師ボルンは一九四八年三月三十一日にアインシュタインに宛てて「彼〔ハイゼンベルク〕は昨年十二月に訪ねてきました。これまでと同じように愛想がよく知的でしたが、あきらかにナチ化していました」と書いている。一九五五年にアインシュタインが亡くなったときハイゼンベルクは「アイ

メルケル通り旧居

ンシュタインは一九三九年に米国が原爆製造を精力的に推進するべきだとする手紙を大統領ルーズヴェルトに書いた。そして最初の原爆は数千の女性と子供を殺した」と書いた。ナチの犯罪を棚に上げて、核開発に小さな役割しか果たさなかったアインシュタイン一人に罪を着せている。ドイツ人の友人と話をするときしばしばハイゼンベルクが話題になるが、なぜハイゼンベルクがナショナリズムから抜け出せなかったかという疑問に誰も答えることができない。

ハイゼンベルクは一九四六年一月三日に抑留地から帰国した。カイザー・ヴィルヘルム物理学研究所はゲッティンゲンにおいてマクス・プランク物理学研究所として再出発しハイゼンベルクが所長になった。ゲッティンゲンの東は坂で高級住宅街になっている。坂上のメルケル通りにハイゼンベルクとプランクが住んだ家が一軒置いて隣り合っている。物理学研究所は一九五八年にミュンヘンの北のはずれフェーリンガーリングに移転し物理学天体物理学研究所になった（三分割

ヴェルナー・ハイゼンベルク研究所

ハイゼンベルク墓所

された一九九一年以降物理学研究所、ヴェルナー・ハイゼンベルク研究所）。ハイゼンベルクは一九五〇年頃から非線形スピノル場からなる統一場理論を研究するようになった。一九六七年に来日したハイゼンベルクの講演を東京大学安田講堂で聴いたことがある。そのときも取り上げていた統一場理論は現在では忘れられている。

ハイゼンベルクは一九七〇年末に研究所を退任した。一九七六年二月一日に亡くなり、ミュンヘン南西にある広大な森林墓地に埋葬された。同じ墓地にハイゼンベルクを受け入れてくれなかったリンデマンの墓がある。墓碑にはπが刻んである。学位取得口述試験で最低点をつけ、行列力学を攻撃したヴィーンの墓もある。手前の胸像は、ドイツ登山隊が三十一人の遭難者を出し、「魔の山」と恐れられたヒマラヤのナンガ・パルバットで遭難した息子カールを記念している。一九三七年の遠征で、隊長カール・ヴィーン、隊員六人、シェルパ九人が氷塊の生き埋めになった。

ヴィーン墓所

ハドソン河に銀の波たつ

ヘンリー

Joseph Henry

オールバニー

本は、東京大学出版会の本以外は、なるべく買わない方がいい。ただでさえ狭いわが家は本であふれている。食卓の上も下も、床も、ふとんのまわり四方も、本が占領している。一部屋は侵入不可能になった。自宅で本を探すより、図書館に行くか、書店で立ち読みする方が手っ取り早い。もう限界だ。ついに引っ越しすることに決めた。引っ越し当日。威勢のいい若者たちが、本がぎっしり詰まった段ボール箱を五階から下まで運び、すぐに階段を駆け上がってくる。そのどさくさに、タンスの後ろに転げ落ちた埃まみれの本を見つけた。スティーヴンソンの小説『バラントレイの若殿』だ。なにげなく読み始めたが、「押し入れの奥にまた本の山を発見しましたっ」とか、「これではトラックが足りません。もう一台追加して応援部隊を頼みますっ」などという騒々しい声をよそに、スティーヴンソンの世界に浸りきってしまった。

物語はスコットランドから始まる。ダリスディア男爵家の長男ジェイムズと次男ヘンリーが、爵位と財産と一人の美しい女性をめぐって、相手を殺しても飽き足らぬほど憎み合い、生涯にわたって激しく争う。小学生のとき、おかずの大きさをめぐって争った兄弟喧嘩しか経験のないぼくには想像を絶する世界だ。物語の主要な舞台の一つがハドソン河上流にあるニューヨーク州首都オールバニー。ハドソン河はニューヨーク州を縦断する。上流のキャッツキルにはリップ・ヴァン・ウィンクル橋がかかっているが、恐妻家リップ・ヴァン・ウィンクルが迷い込んだのはこのあたりの山地だろう。さらに上流にオールバニーがある。オランダ西インド会社がつくった町だが、英国領になったときオールバニーになった。オールバニーはゲイル語でスコットランドを意味するアルバに由来する。

無頼漢の若殿、長男ジェイムズは一七四五年に、王位奪還をもくろんだボニー・プリンス・チャーリー（チャールズ・エドワード・ステュアート）の軍に馳せ参じたが、プリンス・チャーリーの敗北でスコットランドから逃亡し、海賊にまで身を落とす。やがて脱出して、オールバニーの商人の船でニューヨークからオールバニーに向かう。「我々はニューヨークからハドソン河をさかのぼったが、私の見るところ、非常に美しい河だった。オールバニーでは国王紋章亭に宿泊した。町にはこの地方の民兵があふれていて、フランス人を虐殺してやると息巻いていた。……双方の側のインディアンたちは既に戦闘態勢に入っていた。我々は彼らの一行が捕虜を連れたり、（さらに悪いことに）男女の頭皮を持参するのを見かけた。申し上げるが、心の踊る光景とはとうてい言い難かった」（海保眞夫訳、岩波文庫）。若殿はアディロンダック山中に海賊から奪った宝物を埋めた。やがてこの場所は兄弟がほとんど同時に命を失う場所になる。スティーヴンソンがこの場所を選んだのは、一八八七年から翌年にかけて、サラナック湖畔にある小屋（記念館になっている）に滞在していたからだ。

ニューヨーク、ペンステイション（ペンシルヴェニア駅）からモントリオールへ向かう列車アディロンダック号に乗車するとハドソン河に沿って北上し、オールバニーを経てアディロンダックに着く。アディロンダックはインディアンの種族名だ。列車は、オールバニーでは、対岸のレンセラー駅に到着するから、旧市街にターミナルがある直行バスの方が便利だ。バスを降りてマディソン大通りを上って行くと現代的な州立博物館に出るが、その手前で、南パール通りとの交差点あたりにジョウゼフ・ヘンリーの生家があった。ヘンリーは一七九七年十二月十七日に生まれた。南パール通りを南下すると記念館「チェリーヒル」がある。州随一の大地主で政治家スティーヴン・ヴァン・レンセラーの邸宅だった。そのすぐ南にヘンリーの祖父母の家があった。祖父母も父もスコットランドからの移民だ。祖父はプリンス・チャーリーがグラスゴウに入ってくるのを目撃していた。一七七五年六月十六日にニューヨーク港に到着した一家はハドソン河をさかのぼり、オールバニーにやってきた。ダリスディア兄弟が世を去って十年あまりたった頃だ。祖父は姓ヘンドリーをヘンリーに変えた。

ヘンリーの父はレンセラーの荘園で日雇い労働者をしていた。一八〇三年に弟が生まれるとヘンリーはゴールウェイに住む母方の祖母にあずけられた。学校に通いながら雑貨屋で働いていたが、ある日、兎を追いかけて入り込んだ村の図書館で読書に目覚めた。またこの頃演劇にも目覚めた。父はアルコール中毒で一八一一年に四十七歳で亡くなった。一八一四、五年頃にオールバニーに戻ったヘンリーは時計・銀細工職人の徒弟になった。物理との出会いは下宿人が机の上に置いていった自然科学の一般向け講義録だった。一八一九年には俳優として採用するという劇場の申し出を断り、創設されて間もないオールバニーアカデミーの生

オールバニーアカデミー

徒になった。一八二二年に卒業後、校長ロメイン・ベックはヘンリーを実験助手として雇い、ヴァン・レンセラー家の家庭教師の口も紹介してくれた。ヘンリーはヴァン・レンセラーの推薦で道路敷設の測量に没頭し、業績を認められて、いくつかの公職着任を要請されたが、一八二六年に、高給をけって、オールバニーアカデミーの数学・自然哲学教授を引き受けた。ハーマン・メルヴィルは一八三〇年から一年間オールバニーアカデミーに在学しているからヘンリーの講義を聴いたのだろう。

州立博物館からイーグル通りをまっすぐ北上すると、エンパイアステイトプラザの現代建築と州庁舎を過ぎて、市庁舎の斜め向かいに、一八一七年に建てられたオールバニーアカデミーの旧校舎が残っている。建物の正面にはヘンリーの銅像がある。周囲はアカデミー公園になっており、「近代的電気の生誕地。ジョウゼフ・ヘンリーはここで磁気誘導を発見し、電信と電動機の道を拓いた」と書かれた銘板が立っている。

ヘンリーは時計職人の徒弟、ファラデイは製本職人の徒弟だが、一八二五年に最初の電磁石をつくったのは靴屋の徒弟で独学のウィリアム・スタージョンだった。一八二六年夏にニューヨークに出かけたヘンリーは、コロンビアカレッジ医学部で、ダートマスカレッジのジェイムズ・フリーマン・デイナ（翌年三十四歳で夭折した）の講演を聴いてスタージョンの電磁石を知った。スタージョンの電磁石は塗装料を塗った馬蹄形の鉄に裸の銅線を巻き付けたものだが、ヘンリーは一八二九年に、磁石と円形電流が等価だとするアンペ

ヘンリー銅像

「近代的電気の生誕地」

ール理論に触発されて、巻き数が多いほど強力な電磁石になることに気づき、絹でおおって絶縁した三十五フィートの銅線を隙間なく四百回巻き付けて、スタージョンの電磁石を大幅に改良した。また一八三〇年に電池の強度やコイルと電池をつなぐ導線の長さを系統的に変えることによって磁気力を測定し、オームの法則によって説明できる結果を発見しているが、一八二六年のオームの論文に気づかなかった。ヘンリーはこの年五月三日に従妹のハリエット・アレグザンダーと

ジョウゼフ・ヘンリー

コロンビア通り旧居跡

結婚した。イーグル通りを突き当たってハドソン河に下って行くコロンビア通りに新居があったが、取り壊され現存しない。

ヘンリーが強力な電磁石をつくったことはファラデイを刺激した。ファラデイは一八三一年八月二十九日に鉄の輪に巻き付けた二本の銅線の一方に電池をつなぐともう一方の銅線に電流が流れることを発見した。十月十七日には棒磁石をコイルに出入りさせると、棒磁石が運動している間にコイルに電流が流れることを発見した。ファラデイの論文を読んだヘンリーはファラデイの前にやっていた実験をまとめて『アメリカ科学諸芸雑誌』の論文に補遺「磁気による電流と火花の生成について」として発表した。ヘンリーは馬蹄形電磁石の両極の間に鉄片をわたしておき、電磁石の電源を入れたり切ったりすると鉄片に電流が流れることを確かめた。実験方法は違うが、いずれも、現代の用語で、「磁場の時間変化には電場がともなう」という電磁誘導の法則を発見した実験である。論文の執筆が遅れたことをとがめることはできない。ヘンリーの教育義務は過酷で、毎日七時間講義した。研究は夏休みの間に行うしかなかった。今日では電磁誘導を「ファラデイの法則」と呼ぶが、ヘンリーの名を忘れるのは不公正だ。ヘンリーは、もっとはやく論文を書かなかったことを悔やんだが、ファラデイを祝福し、先取権を主張することはなかった。ヘンリーの名は自己誘導の発見者として残っている。一八三二年に電池の両極をつないだ導線の一方を離すと火花放電が起こることを発見した。磁場の時間変化にともなう電場が引き起こす現象で、相互誘導も自己誘導も電磁誘導の法則であることに変わりはない。電磁誘導は、アインシュタインがそこから相対論を見つけたように、自然を支配する基本原理だ。電磁誘導なしには光も存在しない。

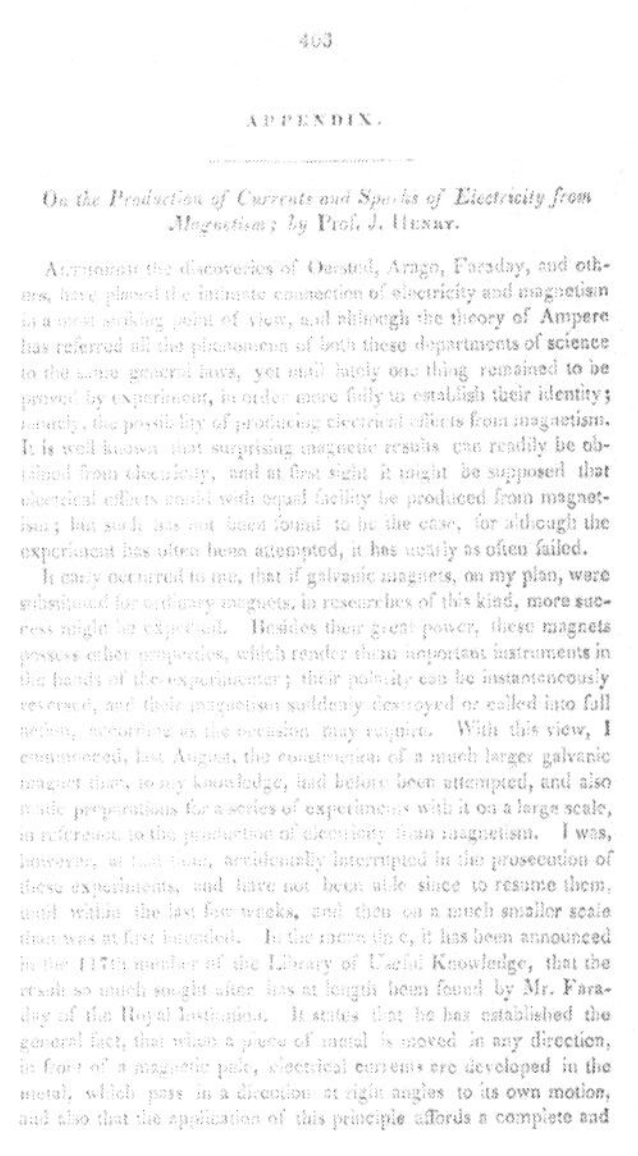
403

APPENDIX.

On the Production of Currents and Sparks of Electricity from Magnetism; by PROF. J. HENRY.

ALTHOUGH the discoveries of Oersted, Arago, Faraday, and others, have placed the intimate connection of electricity and magnetism in a most striking point of view, and although the theory of Ampere has referred all the phenomena of both these departments of science to the same general laws, yet until lately one thing remained to be proved by experiment, in order more fully to establish their identity; namely, the possibility of producing electrical effects from magnetism. It is well known that surprising magnetic results can readily be obtained from electricity, and at first sight it might be supposed that electrical effects could with equal facility be produced from magnetism; but such has not been found to be the case, for although the experiment has often been attempted, it has nearly as often failed.

It early occurred to me, that if galvanic magnets, on my plan, were substituted for ordinary magnets, in researches of this kind, more success might be expected. Besides their great power, these magnets possess other properties, which render them important instruments in the hands of the experimenter; their polarity can be instantaneously reversed, and their magnetism suddenly destroyed or called into full action, according as the occasion may require. With this view, I commenced, last August, the construction of a much larger galvanic magnet than, to my knowledge, had before been attempted, and also made preparations for a series of experiments with it on a large scale, in reference to the production of electricity from magnetism. I was, however, at that time, accidentally interrupted in the prosecution of these experiments, and have not been able since to resume them, until within the last few weeks, and then on a much smaller scale than was at first intended. In the mean time, it has been announced in the 117th number of the Library of Useful Knowledge, that the result so much sought after has at length been found by Mr. Faraday of the Royal Institution. It states that he has established the general fact, that when a piece of metal is moved in any direction, in front of a magnetic pole, electrical currents are developed in the metal, which pass in a direction at right angles to its own motion, and also that the application of this principle affords a complete and

「磁気による電流と火花の生成について」

ヘンリーは一八三一年に電磁石を用いた電動機を発明し論文を発表した。また同じ年に、教室に一マイルもの長さの導線を張りめぐらし、一方の端に電池、もう一方の端に電磁石を用意し、電池を接続すると一瞬にしてベルが鳴ることを実演して生徒たちを驚かせた。電信の始まりである。ヘンリーは後に「オールバニーで電磁気に関する最初の実験を行ったとき、友人の一人に特許を取るよう説得されましたが、そこから得られる恩恵を個人の占有にすることは科学の尊厳と両立しないと考え、断りました」と言っている。ヘンリーはその年にニュージャージーカレッジ（プリンストン大学の前身）から教授として招聘された。その返事で「私がどのカレッジの卒業生でもなく、ほとんど独学であることをご存知ですか」と書いている。理事会でヘンリーの名があげられたとき、理事の一人が「ヘンリーとはなにものかね」と質問した。

プリンストンはニューヨークのペンステイションか

ら通勤線で一時間の距離にある。プリンストン大学のもっとも古い建物はナッソーホールだ。独立戦争のときは両軍が奪い合い、大きく損傷した。独立後プリンストンは短期間首都になり、ナッソーホールに米政府があった。ヘンリーはこの建物で講義を行った。ナッソーホールに向かって左にヘンリーのために建てられた住居が残っている。またその隣の哲学ホール三階にヘンリーの実験室があったが哲学ホールは現存しない。ヘンリーは学内に世界初の電信網をはった。実験室から自宅への電信線を使って、妻に昼食の注文を出した。プリンストン時代はヘンリーのもっとも幸福な時期だった。一八四二年には、ヘルムホルツやトムソン（ケルヴィン卿）に先駆けて、蓄電器の電荷をコイルを通して流すと電気振動が起こることを発見している。やがてヘルツがこれを使って電磁波を発見することになる。

電信の特許は、一八三七年に、英国ではホイートストン、米国ではモースが得た。いずれもヘンリーから直接決定的な助言を受けた。遠距離に信号を送るため

ナッソーホール

にはヘンリーが考案した継電器を使う必要がある。ヘンリーは一八三七年三月から半年間ヨーロッパを訪問した。ロンドンでホイートストンを訪ねたヘンリーは「私のために多くの時間をさいてくれたホイートストン氏は、私がロンドンで見た中で、もっとも才能ある人です」と手紙に書いている。ホイートストンは開発中の電信機をヘンリーに見せた。ヘンリーは一年前に考案した継電器をホイートストンに説明した。ヘンリーがヨーロッパから帰国すると元画家のモースがプリンストンにヘンリーを訪ねてきた。ヘンリーは継電器を含めてモースにすべての情報を与えた。モースは一八四二年に議会から電信線を敷設する予算を得るためにヘンリーに推薦状を書かせた。モースがヘンリーの権威を有効に利用したことは言うまでもない。電信線の敷設が始まってもヘンリーはミュンヘン大学のカール・シュタインハイルが一八三七年に発見した接地回路を用いることをモースに助言している。大地を復路に使えば電信線は一本で済む。

モースは自社（磁気電信会社）の許可なく電信線を

ジョウゼフ・ヘンリーハウス

敷設したヘンリー・オライリーを特許権侵害で告訴した。一八四七年九月に証言を求められたヘンリーは、モースの特許権を否定はしないが、モースはよく知られていることを使っただけだと証言するしかなかった。特許局長官は、モースの特許の更新に疑問を持ち、ヘンリーに相談した。ヘンリーはモースの特許を更新するように進言した。ところが、特許を更新したモースは、ヘンリーが電信の原理の真の発見者であることを認めることによって自分の電信帝国が崩壊することを恐れて、一八五五年に『ヘンリー教授の証言から導かれる有害な結論に抗する弁論』という誹謗文書を出版し、電信に関する科学上のいかなる発見もヘンリーとは無関係だ、と攻撃した。あさましい。

ヘンリーは母からカルヴィニズムの教育を受けた。富に無関心というより富を嫌った。極端に謙虚だった。「私は発明に対して特許を求めず、労力に対して対価を求めず、それらの結果を無償で世界に与えました。私の研究によって人類の知識に寄与したと喜べることだけを期待して。私が期待した唯一の報酬は科学を進歩させたという自覚と、新しい真実を発見した喜びと、これらの努力が私に与えた科学上の名声だけでした」と答えている。熱烈な奴隷制支持者でもあったモースは巨万の富を残して亡くなった。今日、モースの名はよく知られているが、ヘンリーを知る人はごくわずかだ。

一八二九年に英国の科学者ジェイムズ・スミソンがジェノヴァで亡くなった。石炭で財を成し後にノーサンバーランド公爵になったヒュー・スミソンとヘンリ

スミソン記念碑

「キャスル」とヘンリー銅像

ー七世の後裔エリザベス・メイシーの間に生まれた私生児で、母方から莫大な遺産を受け取った。キャヴェンディシュやアラゴーの親友で、フランス革命の影響を受けて、社会改革や、下層階級の教育を推進しようとした。「すべての人間は、その観察、研究、実験によって人類のために知識をもたらす、社会の価値ある一員である」と言っている。財産は、甥が嗣子を残さない場合は、ワシントンに、スミソニアン研究所の名のもとに、知識の増加と普及を目指す機関をつくるために米国に贈与する、と遺言した。

一八三五年にスミソンの甥が嗣子なく亡くなると、さまざまな議論の末に米国議会は遺産の受け入れを決めた。相談を受けたヘンリーは、スミソンが「科学者は祖国を持たない。世界が彼の祖国で、人間はすべてその国民である」と書いていることに注意を向け、研究所の恩恵が米国民だけでなく全人類に及ぶようにすることを提案した。ヘンリーは一八四六年に義務感で所長を引き受けワシントンに移った。ワシントン行のアセラ急行もペンステイションから出る。ワシントンの広大な「モール」の両側にはスミソニアン研究所のさまざまな建物が並んでいる。まわりの風景にあまり似合わないノルマン様式の塔を持つ建物「キャスル」の前にはヘンリーの銅像が立っている。米国人観光客の一団が銅像を見て、「ジョウゼフ・ヘンリー? ヘンリーとはなにものかね」と言っていた。建物に入ると、左にスミソンの墓所がある。ヘンリーの住居はこの建物内にあった。ヘンリーは、少ない給料の増額を三十二年間拒否し続け、質素な生活を送った。さまざ

ジョージタウン

まな公職を引き受けたがいっさい報酬を受け取らなかった。ヘンリーは、解放奴隷は移住した方がいいという立場を取ったが、南北戦争ではリンカーンに魅了され、奴隷解放のために大統領を支援した。

ヘンリーは一八七八年五月十三日に亡くなった。墓所はワシントン郊外のジョージタウンにある。ポトマック河とロッククリークに挟まれた美しい町だ。一七四六年のプリンス・チャーリー敗退後、多くのスコットランド人が亡命してジョージタウンに住み着いた。

ヘンリー墓所

河畔から坂道を上りきった尾根道R通りにオークヒル墓地がある。門を入ってすぐにあるゴシック様式の礼拝堂は「キャスル」を設計したジェイムズ・レンウィックの手になる。礼拝堂の前に「埴生の宿」の作詞者ジョン・ハウアード・ペインが眠っている。「書読む窓も　我が窓　瑠璃の床も　羨まじ」、瑠璃の床はいらないが、本で埋まらない床は羨ましい。ヘンリーの墓は奥まった場所で、ロッククリークの崖っぷちにある。

麦の穂をゆらす風

ハミルトン

William Rowan Hamilton

コーク

『麦の穂をゆらす風』は、アイルランド独立戦争と、続いて起こった内戦を描いた映画だ。一九二〇年に英国が送り込んだ弾圧部隊ブラック・アンド・タンズは無差別大量殺人、放火、略奪をくり返した。映画の中で、ブラック・アンド・タンズに惨殺された十七歳の少年を悼んで、村の女性が歌うのが抵抗歌「麦の穂をゆらす風」である。歌は次のように終わっている。

ぼくは彼女の墓のまわりを悲しくさまよう
昼も、夜も、夜明けも
いつもうずく心をいだくのだ
麦の穂をゆらす風の音を聞くときは。

一七九八年の「統一アイルランド人協会」武装蜂起に参加し恋人を失った若者の心を詠っている。反乱兵はポケットに麦を入れていた。殺された反乱兵を埋めた共同溝からは麦が芽を出した。作詞者ロバート・ドゥアイアー・ジョイスは、麦のように、英国に対する抵抗が絶えることなく続くことを暗示したのだろう。ウルフ・トーンは、カトリックとプロテスタントが手を組み、英国支配を排除してアイルランドを統一する

コーク大学

ことを目指して一七九一年に「統一アイルランド人協会」を創設した。一七九八年の反乱は鎮圧され、絞首刑を宣告されたトーンは獄中ペンナイフで喉を切って自殺した。英国に一矢報いるためだ。それから一世紀以上が経った一九一九年に独立戦争が始まった。映画はもっとも被害が大きかったコークを舞台にしている。

　ダブリンのヒューストン駅で満員列車に乗りコークに向かった。コークはアイルランド南西部に位置し、ダブリンから三時間ほどのアイルランド第二の都市である。コーク駅でコーク大学行のバス停を、逆方向に行くバスの運転手に教えてもらったが、よくわからずうろうろしていたら、三十分もしてそのバスが戻ってきた。あきれ顔の運転手は、そんなドジな外国人から料金を取り立てるのは沽券に関わると思ったのだろう、大学に着いたとき運賃を受け取ってくれなかった。

　コーク大学には一九九八年に建てられたアルフレッド・オライリー館がある。理論物理学者オライリーは一九四三年から一九五四年までコーク大学学長だった。学内にあったヴィクトリア女王の銅像を取り壊すことを命じた学長である。オライリーは、ファラデイ－マクスウェルの場の理論は物理の発展には貢献せず、むしろ障害になったという、極端な歴史観の持ち主だった。一九三八年に出版した『電磁気学』は相対論を批判し、四次元時空の考え方を否定するなど、毒を含んだ辛辣な本である。オライリーはたとえ自分の論理が根本的に間違っていても相手に侮辱を与え、嘲笑することをやめなかった。

　オライリーは一九一六年の復活祭蜂起以来シン・フ

エイン党の支持者になった。復活祭蜂起は「歴史を変えた一週間」と呼ばれるアイルランド史上もっとも重要な事件である。ピアスは四月二十四日、ダブリン中央郵便局に三色旗を掲げ、アイルランド共和国樹立宣言を読みあげた。苛酷なジョン・マクスウェル将軍は蜂起鎮圧後、指導者十五人を軍法会議にかけて処刑するという愚行を犯した。このため蜂起を支持しなかったアイルランド人の愛国心が一挙に目覚めた。イェイツは詩作「復活祭、一九一六」で「いま、そしてこれから、緑をまとう場所はすべて、変わった、完全に変わった。恐ろしい美が生まれた」と書いた。オライリーは一九二一年に『誰がコークを焼いたか?』を出版しブラック・アンド・タンズを告発したため逮捕された。釈放後、英国との条約交渉団顧問となり、アイルランドを自由国とする和平条約を支持し、自由国憲法起草者の一人になった。

だが、エイモン・デ・ヴァレラが条約を否認したため凄惨な内戦が始まった。敗北したデ・ヴァレラは、雌伏の後、一九三二年から一九五九年まで(二度の中断を除いて)首相の地位にあり、さらに二期十四年間九十歳まで大統領を務めた。デ・ヴァレラが権力欲のために引き起こした内戦は独立戦争をはるかに超える犠牲者を出した。ダブリン市街の四分の三が破壊され、独立戦争でアイルランド義勇軍を指揮したマイケル・コリンズもコークの近くで殺された。コークのリー河畔、フィッツジェラルド公園にコリンズの胸像がある。コリンズもコーク郡の出身である。オライリーの生地リストウェルも遠くない。

ダブリン中央郵便局

コークから北に七十五キロ、リムリックから南に三十五キロの距離にブルリーという小さな村がある。デ・ヴァレラは母がアイルランド人でニューヨークに生まれたが、二歳で父を失ったためブルリーにある母方の祖母の小屋で育てられた。自転車も買ってもらえず、コーク郡チャールヴィルにあるキリスト教兄弟学校まで十キロの道を徒歩で往復する貧しい生活を送ったが、数学に興味を持ち数学教師になった。復活祭蜂起で死刑の宣告を受けたが米国籍のため処刑を免れた。首相になったデ・ヴァレラは一九四〇年にダブリン高等研究所を創設し、ナチに追われたシュレーディンガーを招聘した。高等研究所があったメリオン広場の建物にはシュレーディンガーと理論物理学者ジョン・シングの銘板がある。メリオン広場の周囲には、文学者オスカー・ワイルド、レ・ファニュ、ジョージ・ラッセル、イェイツらの銘板が見つかる。イェイツは一九二〇年に「デ・ヴァレラは血の通った人間というより理屈でこり固まった人間だった。宣伝ばかりで人間性がない」と評した。

ヒューストン駅はコークやリムリックへの始発駅だが、南北に走る鉄道はピアス駅とコノリー駅が主要駅だ。三駅とも、復活祭蜂起五十周年に、処刑された蜂起指導者の名を駅名にした。コノリー駅からは郊外電車ダートも出ている。南行きのダートに乗れば、デ・ヴァレラが卒業し、またそこで教えたブラックロックカレッジに行くことができる。オライリーもここで学んだ。北行きのダートで、コノリー駅の次がクロンターフロード駅だ。海岸沿いのクロンターフロードをし

ダブリン高等研究所

シュレーディンガー旧居（左半分）

ばらく歩いて海岸から少し入ったキンコーラロードに、一九三九年から一九五六年までシュレーディンガーが住んだ質素な家がある。

コノリー駅から西郊外電車に乗ると二つ目がブルーム橋駅だ。文字通り橋が駅になっている。平行する鉄道線路とロイアル運河をまたぐようにつくられた橋に「一八四三年十月十六日、歩いている途中のこの場所でウィリアム・ロウアン・ハミルトン卿は、天才のひらめきによって、四元数の積に関する基本公式 $i^2=j^2=k^2=ijk=-1$ を発見し、この橋の石に刻んだ」と記された銘板が埋め込まれている。銘板は一九五八年にデ・ヴァレラが設置した。デ・ヴァレラは死刑の宣告を受けた獄中でハミルトンの公式を壁に刻みつけた。

その日ハミルトンは、王立アカデミーの会議を司会するために、妻を連れて運河沿いの道を歩いていた。話しかける妻の声は耳には入らなかった。四元数のアイディアがひらめいたからである。複素数を二元の量とすることに成功したハミルトンの次の課題は三元の量を扱うことだった。三元の量を扱うためには四次元

ブルーム橋

空間を許さなければならないという考えがこのとき浮かんだ。ハミルトンは晩年息子に宛てた手紙で「電気回路が閉じた。そして火花が、これからの長い歳月にわたる、確固たる方向を持つ思索と仕事の前触れがひらめいた。……あまり理性的とは言えなかったかもしれないが、通りかかったブルーム橋の石にナイフで問題の解答を含む記号i、j、kの基本公式、すなわち$i^2=j^2=k^2=ijk=-1$を刻むという衝動に抵抗することができなかった。もちろん刻んだ公式はとっくの昔に消えてしまったが」と書いている。ハミルトンはこの発見がニュートンの微積分の発見に比すべき大発見であると思い込み、その後の二十年間のほとんどを四元数のために費やした。ハミルトンの公式は$ij=-ji=k$を意味する。ハミルトンが「代数学の解放者」と呼ばれているのは、積が可換ではない代数を発見したからである。ベクトル解析はギブズとヘヴィサイドが完成させたが、ハミルトンの四元数とグラスマンの外延量に起源がある。微分記号ナブラもハミルトンが発明した。

中央郵便局があるダブリンの中心街オコネル通りを

ロイアル運河

ピアス記念銘板

北上してパーネル通りに左折すると最初の狭い通りムーアレインの角に二百五十年以上も営業するダブリン最古のパブがある。その壁に「ムーアレインのこの場所で一九一六年四月二十九日にポードリック・H・ピアスはアイルランド共和国臨時政府を代表して降伏した」と書かれた銘板が取り付けてある。パブの中にはピアス、コノリー、コリンズらの写真が壁に飾ってあった。ピアスは五月三日にキルメイナム刑務所で処刑された。負傷したコノリーは十二日に椅子に座ったまま処刑された。

　パーネル通りをさらに少し行くとドミニク通りがある。ウィリアム・ロウアン・ハミルトンは一八〇五年八月三日から四日に変わる時刻にこの通りで生まれた。レ・ファニュもこの通りで生まれた。だがいずれの生家も見つからない。近くの教区教会でみすぼらしい自転車に乗った老人に訊いてみた。老人はしばらくあたりを探してくれたが、このあたりは建てかわった家が多いので生家は残っていないだろう、と言っていた。

ドミニク通り生家跡

旧聖メアリー教会

ドミニク通りとそれに交わるドーセット通りは復活祭蜂起で火の海になった。ドミニク通りは高級住宅街だったが、その後最悪のスラム街になり、再開発で昔の面影は失われた。

パーネル通りをさらに歩いて左折すると墓碑を眺めながら食事するパブレストランがある。ハミルトンが受洗した旧聖メアリー教会だ。斜め向かいに生家があったウルフ・トーンの受洗した教会でもある。教会の横はウルフ・トーン通りで教会墓地はウルフ・トーン公園になった。統一アイルランド人協会に属したアーチボールド・ロウアンの墓はこの教会墓地にあった。一七九四年にキルメイナム刑務所に投獄されていたロウアンは、翌年看守を騙して自宅のあるドミニク通りまで連れ出させ、そのまま国外に逃亡した。ロウアン（本来の姓はハミルトンで十六歳のとき母方の祖母の遺産を受け取るため姓にロウアンを加えた）はハミルトンの祖母の義兄にあたる。ハミルトンの父もアーチボールドで、ロウアンと同姓同名だが、ロウアンの逃亡を助け、その代理人になった。ロウアンはハミルトンの名づけ親になった。だが一八〇六年に帰国したロウアンは、ハミルトンの父がロウアンに送金した高利の借金を返すことを拒絶したので裁判沙汰になり、ハミルトンの父は一八〇九年に破産してしまった。

ハミルトンは、経済的理由もあり、一八〇八年にダブリン北西四十キロにあるボイン河畔トリムの伯父のもとに送られた。ジェイムズ・ハミルトンは執事（司祭の補助職）で教区学校を運営していた。学校と住居は川岸の聖メアリー修道院跡に建てられた邸宅にあった。すぐそばに修道院遺跡イェロウ・スティープルがある。ボイン川の橋を渡った対岸はメル・ギブソンの映画『ブレイヴハート』のロケ地となったトリム城だ。ハミルトンは十三の言語を学んだとして、語学における天才ぶりが大げさに伝えられているが、そのリストにアイルランド語（ゲイル語）はない。習熟したのはラテン語、ギリシャ語、ヘブライ語である。ハミルトンは、一八一八年にやってきた暗算少年ジラー・コルバーンに競争で負けたことで数学に目覚めた、と回想している。一八二〇年にコルバーンに再会した後、『プリンキピア』を読み始めた。一八二二年にはラプラースの『天体力学』の中で小さな誤りまで発見した。一八二三年に首席でトリニティーカレッジに入学し、一八二四年には古典で、一八二六年には科学でも「最優等賞」を得た。その年十二月十三日に王立アカデミーに論文「火面〔平行光線が曲面で反射または屈折してつくる光線の包絡面〕について」を提出し、全面的に書き直した論文の第一部を一八二七年四月二十三日に「光線系の理論」として発表した。光学系を完全に記述する「特性関数」を導入し、「最小作用の原理」（より正確な「停留作用の原理」とも呼んだ）を用いて特性関数が満たす微分方程式を導いた。

ハミルトンは六月十六日にトリニティーの天文学教授に指名された。卒業前で二十一歳だった。その地位は同時に王室天文学者を兼任しダンシンク天文台所長になることを意味した。ハミルトンは生涯を天文台で過ごすことになる。ダブリン中心部から天文台まで八キロの距離がある。ハミルトンがそうしたように、ブ

ウィリアム・ロウアン・ハミルトン

ダンシンク天文台

ルーム橋から運河沿いに歩いて天文台を訪ねるつもりだった。しばらく歩いてみたが、車の往来が激しい通りに出たときタクシーをつかまえた。天文台は緑におおわれた丘の頂上にあった。ハミルトンは望遠鏡を覗くことはほとんどなく、数学の研究に没頭した。

ハミルトンは一八三二年に発表した「光線系の理論」の第三補遺で「円錐屈折」（二軸結晶の表面に入射した光が円錐状に屈折する現象）を理論的に予言した。自然哲学教授ハンフリー・ロイドは二か月後に検証実験に成功した。ハミルトンは一八三四年に発表した「力学における一般的方法について」で、光学系の特性関数を粒子系の運動の記述に使うことを提案した。翌年に発表した「第二論文」できわめて洗練された美しい「正準形式」をつくった。また、特性関数を拡張した「主関数」に対する方程式を導いた（「ハミルトン-ヤコービ方程式」）。ヤコービが一八三七年の論文で一般的に発展させた。ヤコービは停留作用の原理を「ハミルトンの原理」と名づけた）。この年八月十五日にトリニティー図書館ロングルームでナイトに叙せられ、一八三七年には王立アイルランドアカデミー会長に選ばれた。

粒子を波のように記述するハミルトンの方法は、シュレーディンガーが粒子の波動方程式を探すときに、決定的な役割を果たした。シュレーディンガーは「私たちは今日、事実として、非常に短い経路や非常に大きい曲率では古典力学が破綻することを知っている。おそらくこの破綻は厳密に幾何光学の破綻に似ている。……おそらく古典力学は幾何光学の完全な類似物で、そのため間違っており、現実と一致しない……そこでそれは波動力学を探す問題になり、もっとも明らかな途は、波動光学の線で、ハミルトンの類似物を念入りにつくることである」と書いている。

ハミルトンが生涯を通じて忘れることがなかったキャサリン・ディズニーと出会ったのは一八二四年八月十七日、十九歳のときだ。キャサリンの父は翌年キャサリンを十五歳年上の裕福な聖職者と結婚させ、ハミルトンは絶望のあまり病気になり、自殺まで考えた。

[95]

VII. *Second Essay on a General Method in Dynamics. By* William Rowan Hamilton, *Member of several Scientific Societies in Great Britain and in Foreign Countries, Andrews' Professor of Astronomy in the University of Dublin, and Royal Astronomer of Ireland. Communicated by Captain* Beaufort, *R.N. F.R.S.*

Received October 29, 1834.—Read January 15, 1835.

Introductory Remarks.

The former Essay* contained a general method for reducing all the most important problems of dynamics to the study of one characteristic function, one central or radical relation. It was remarked at the close of that Essay, that many eliminations required by this method in its first conception, might be avoided by a general transformation, introducing the time explicitly into a part S of the whole characteristic function V; and it is now proposed to fix the attention chiefly on this part S, and to call it the *Principal Function*. The properties of this part or function S, which were noticed briefly in the former Essay, are now more fully set forth; and especially its uses in questions of perturbation, in which it dispenses with many laborious and circuitous processes, and enables us to express accurately the disturbed configuration of a system by the rules of undisturbed motion, if only the initial components of velocities be changed in a suitable manner. Another manner of extending rigorously to disturbed motion the rules of undisturbed, by the gradual variation of elements, in number double the number of the coordinates or other marks of position of the system, which was first invented by Lagrange, and was afterwards improved by Poisson, is considered in this Second Essay under a form perhaps a little more general; and the general method of calculation which has already been applied to other analogous questions in optics and in dynamics by the author of the present Essay, is now applied to the integration of the equations which determine these elements. This general method is founded chiefly on a combination of the principles of variations with those of partial differentials, and may furnish, when it shall be matured by the labours of other analysts, a separate branch of algebra, which may be called perhaps the *Calculus of Principal Functions*; because, in all the chief applications of algebra to physics, and in a very extensive class of purely mathematical questions, it reduces the determination of many mutually connected functions to the search and study of one principal or central relation. When applied to the integration of the equations of varying elements, it suggests, as is now shown, the consideration

* Philosophical Transactions for the year 1834, Second Part.

「力学における一般的方法についての第二論文」

王立アイルランドアカデミー

一八三一年にエレン・ド・ヴェールに恋したがふられた、と思い込んだ。一八三三年四月九日にヘレン・ベイリーと結婚したが、病気がちのヘレンは家政に不向きで、ハミルトンの書斎は荒れ果てるままになった。ハミルトンは一八四四年にはアルコールに依存するようになった。翌年不幸な結婚生活を送っているキャサリンに再会した。一八四八年にキャサリンから手紙が届き、二人は秘密の文通を始めたが、キャサリンは夫に告白し自殺をはかった。夫と別居したキャサリンは憔悴し、一八五三年に「もう一度会いたい」というキャサリンの悲痛な叫びを知ってハミルトンがやっと駆けつけた後間もなく亡くなった。ハミルトンは三人の女性の心を理解できなかったのではないか。ハミルトンは生涯詩作に熱中したが、百万人が餓死するという大飢饉でさえ、ただ一行も詩にすることはなかった。

ハミルトンは最後の数年間『四元数原理』完成のために全精力を注いだ。印刷経費がかさんで負債が増え、日常品の買い物がつけでできなくなり、医者への支払いも滞った。ハミルトンは一八六五年九月二日に亡くなりダブリン南郊にあるマウントジェローム墓地に埋葬された（家族の墓所があった聖メアリー教会墓地は閉鎖されたからだ）。生地が同じレ・ファニュの墓もある。ハミルトンの墓碑には末妹と娘夫婦だけで四年後に亡くなった妻の名はない。オライリーの『電磁気学』は原論文に言及するところに特徴があるがハミルトンの業績については円錐屈折に触れる場合でも無視した。四元数に由来するベクトル積の記号法にハミルトンの名を出しただけである。

ハミルトン墓碑

雪におおわれた噴火口

コンドルセー

Marquis de Condorcet

レキュイェ美術館

パリ北駅はブリュッセルやアムステルダムへの列車の始発駅だ。パリ北駅から一時間あまりでサン＝カンタンに着く。れんが造りの美しい駅舎はソンム河畔にある。橋のたもとで気のいい男たちが酔っぱらっておだをあげていた。その中の一人が声をかけてきた。「おい、フランスは世界で一番美しい国だぜ。そうだろ？」

駅から坂道を上がって行くとバジリカとそのまわりの旧市街に出る。その中にアントアーヌ・レキュイェ美術館がある。美術館の前にモーリス＝カンタン・ド・ラ・トゥールの銅像が立っている。パステル肖像画で有名なラ・トゥールは一七〇四年九月五日にサン＝カンタンに生まれ一七八八年二月十七日に同じ町で亡くなった。一七五〇年にルイ十五世の公式肖像画家になり、五年後にルイ十五世の愛妾ポンパドゥール侯爵夫人の肖像画を描いた。ルーヴルの所蔵になる有名な画だが、レキュイェ美術館にも彼女を描いたスケッチが残されている。ポンパドゥール侯爵夫人はモンテスキュー、ルソー、ヴォルテール、ディドローらと交流し、『百科全書』の出版を援護した。

ラ・トゥールはルソーの親友で、ルソーの思想に共鳴した。ルソーのもっとも優れた肖像画もラ・トゥールによるものでレキュイェ美術館で観ることができる。ラ・トゥールについて友人ディドローは「このラ・トゥールはめったにないやつだ。彼には詩、倫理学、神学、形而上学そして政治が混じっている。率直で嘘を言わない男だ」と言っている。レキュイェ美術館で観ることができるルソー、ダランベール、ヴォルテール

コンドルセー銅像

らの肖像画、ラ・トゥールの自画像、ラ・トゥールの女友達マリー・フェルの肖像画は彼らの内面まで描いた傑作だ。ラ・トゥールはモデルたちについて「彼らは私が単に彼らの表情だけをとらえただけだと思っているが、私は、彼らに気づかれずに、彼らの内奥を取りだし、彼らを完全な形で再生した」と言っている。ジョルジュ・サンドの曾祖父モーリス・ド・サクス伯爵の肖像画もある。

サン゠カンタン駅前でタクシーをつかまえてリブモンを訪れた。リブモンはサン゠カンタンから東南に約十五キロの距離にある小さな細長い町で、中央の道路はコンドルセー通りになっている。市庁舎前の広場にあごを腕で支えて考え込むコンドルセーの座像があった。このコンドルセー通りに生家があるはずだが、なんど通りを往復しても見つからない。小さな書店で場所を訊ねたら窓の外を指差して「そこよ」と言われ、見ると目の前に生家があった。

マリー゠ジャン゠アントアーヌ゠ニコラ・カリタ・ド・コンドルセーは一七四三年九月十七日に母の実家

コンドルセー通り生家

ゴドリー家の所有だったこの家で生まれた。父アントアーヌはルイ十四世によってフランスに併合されたオランジュ公国の九八〇年以来の古い帯剣貴族出身である。オランジュから四十キロ、ニオンから七キロ北東に小さな美しい村コンドルセーがありコンドルセー城廃墟が残っている。オランジュ公国はユグノーの砦だった。コンドルセーの先祖もユグノー教徒だったが、ユグノーを徹底的に弾圧したルイ十四世の時代に投獄されカトリックに転向した。父は貧しい騎兵大尉で、リブモンに駐屯していた一七四〇年に裕福な未亡人マリー＝マドレーヌ＝カトリーヌ・ゴドリーと結婚したが、コンドルセー誕生後一か月あまりの十月二十二日に戦死してしまったのでコンドルセーは母に育てられた。母は病気がちのコンドルセーを心配するあまり九歳になるまで少女の服を着せた。内気で臆病な性格は母の過保護に原因の一つがあるのだろう。父方の叔父ジャック＝マリーはリジュー司教で、一七五四年十一歳のときコンドルセーをランスのイエズス会コレージュに送ったが、後の過激な反教権主義はこの学校への反発に原因の一つがあるのかもしれない。一七五八年にパリ大学のコレージュ・ド・ナヴァール（フランス革命で廃止されたがその建物はナポレオンの命によってエコール・ポリテクニークが引き継いだ）に進学した。この学校は当時科学の分野でもっとも進んでいた。ルイ十五世は一七五二年にジャン＝アントアーヌ・ノレーをフランス初の実験物理学教授に指名した。コンドルセーはノレーからニュートン物理学を学んだに違いない。

コンドルセー侯爵

一七六〇年にリブモンに帰ったコンドルセーは、軍人の道を希望する家族の反対を押し切って数学で身を立てる決心をした。一七六一年十月二十三日に科学アカデミーで「二変数を含む微分方程式を積分するための一般的方法についての試論」を発表した。十八歳のときだ。翌年パリに出て旧師ジョルジュ・ジローー・ド・ケルドゥーのジャコブ通りの家に下宿した。クレローとフォンテーヌの批判に応えて書き直した論文を一七六四年に発表したが、最初の公刊論文は翌年二十一歳で書いた「積分について」でダランベールとベズーが激賞した。それはニュートン力学をライプニッツ流の微積分に書き直す（クレロー、ダランベール、オイラーが始め、やがてラプラースとラグランジュが完成させる）流れの中に位置する論文である。ダランベールはコンドルセーの庇護者で親友になった。さらにコンドルセーは一七六七年に「三体問題について」を書いた。一七六九年三月八日に二十五歳で科学アカデミー会員に選出された。

その年ダランベールはコンドルセーをサンドミニク通りとベルシャス通りの交差点にあったジュリー・ド・レピナスのサロンに紹介した。見かけの内気さにもかかわらずコンドルセーの知性と人格に感銘したジュリーは翌年コンドルセーをヴォルテールに紹介し、ダランベールを静養させるため、コンドルセーを付き添わせてスイス国境にあるフェルネーのヴォルテールの家で二週間を過ごすようにはからった。コンドルセーはヴォルテールの信頼を得て「最後のフィロゾーフ」になった。ジュリーはある手紙でコンドルセーについて「日常生活では静かで温和な彼の心は、迫害さ

造幣局とコンドルセー銅像

れた人たちを守ったり、もっと貴重なもの、人間の自由と不運な人たちの美徳を守る問題になると、情熱的になり炎に充たされてしまいます」と書いている。ダランベールはコンドルセーを「雪におおわれた噴火口」、テュルゴーは「怒れる子羊」と評した。

一七七四年にルイ十六世は改革派経済学者ジャック・テュルゴーを財務総監に任命した。翌年テュルゴーはコンドルセーを造幣局総監に任命した。一七七六年に失脚したテュルゴーは辞職にあたってルイ十六世に「陛下、チャールズ一世の首を断頭台に運んだのはこの弱さだったということをご記憶ください」と言ったと伝えられている。コンドルセーも辞表を出したが拒否され造幣局にとどまった。コンドルセーは総監就任以来造幣局に住んだ。学士院に隣接する造幣局の前にコンドルセーの銅像が立っている。一七七七年八月七日に科学アカデミー終身監事に選ばれている。以後コンドルセーは、自由交易、言論の自由、出版の自由、検閲の廃止、奴隷制廃止、女性参政権、自由教育、法の前の平等、国家と宗教の分離、宗教的寛容、人権宣言、議会制度、地方自治、農民の政治参加を唱導し、ペンをとって人権のために闘った。

コンドルセーは一七八二年に『黒人の奴隷状態についての考察』を著わし、奴隷解放に関心を向けた。その年アカデミー・フランセーズ会員に選出された。就任講演で「道徳と物理の結合が社会にどのような利益をもたらすか」を研究していたことを言明し、物理の方法を精神科学に適用すれば発展と確実性が得られるだろうという「社会数学」を提唱した。未完の論文

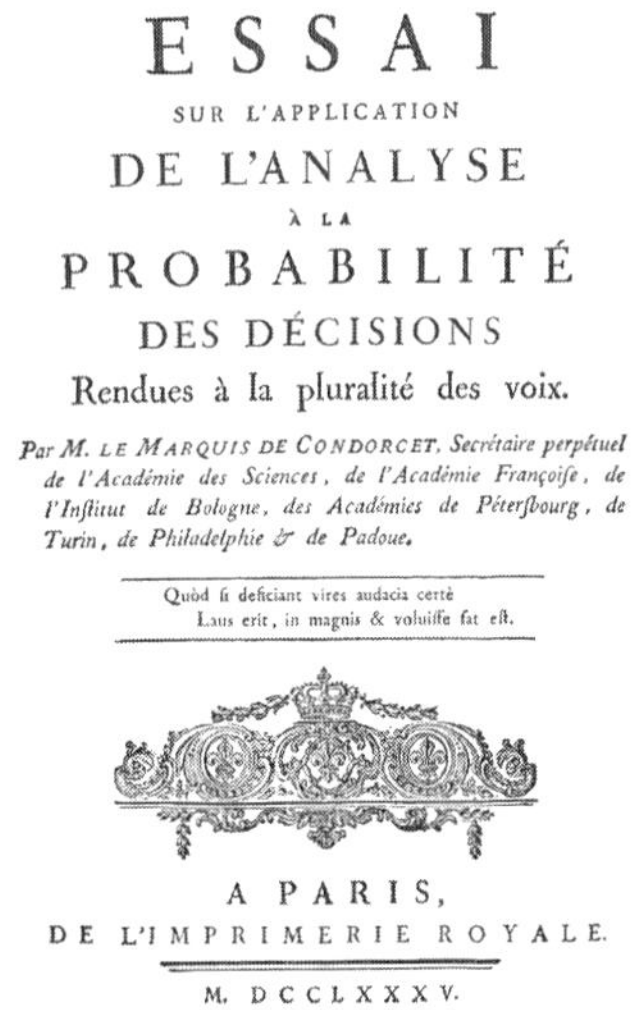
ESSAI
SUR L'APPLICATION
DE L'ANALYSE
À LA
PROBABILITÉ
DES DÉCISIONS
Rendues à la pluralité des voix.

Par M. LE MARQUIS DE CONDORCET, Secrétaire perpétuel de l'Académie des Sciences, de l'Académie Françoise, de l'Institut de Bologne, des Académies de Pétersbourg, de Turin, de Philadelphie & de Padoue.

Quòd si deficiant vires audacia certè
Laus erit, in magnis & voluisse sat est.

A PARIS,
DE L'IMPRIMERIE ROYALE.
M. DCCLXXXV.

『多数決の確率に対する解析の応用についての試論』

「解析学を精神科学および政治科学に応用する科学の一般的展望」では確率計算が物理科学だけでなく社会科学に適用できることを示そうとした。一七八五年に出版された『多数決の確率に対する解析の応用についての試論』では確率計算を用いて、どのような条件の下で多数決が合理的になるかを研究した。「コンドルセーのパラドクス」はこの論文で現れた。

一七八五年に三人の農夫が、証拠が不十分であるのに、強盗の疑いで残酷な車輪轢きの刑を宣告された。ボルドー高等法院長シャルル・デュパティーは判決の不当を訴えたので罷免されてしまった。コンドルセーは、判決とデュパティーの罷免に激怒し、裁判所を攻撃するパンフレットを書いてデュパティーを擁護した。その結果農夫たちは恩赦を受け、デュパティーは復職した。コンドルセーはこのデュパティーを通してその姪で美貌の才媛ソフィー・ド・グルシーと知り合った。コンドルセーとソフィーは一七八六年十二月二十八日に結婚した。コンドルセー四十三歳、ソフィー二十二歳のときである。当時は一般に結婚は政略的、経済的

ソフィー・ド・グルシー

なものだったが、コンドルセーとソフィーは、例外的に、純粋な恋愛結婚だった。コンドルセーは裕福なソフィーの父親ド・グルシー侯爵に持参金を要求することなく、受け取ることもなかった。ソフィーが造幣局で開いたサロンにはアダム・スミス、ジェファーソン、トマス・ペインら多くの知性が集まった。コンドルセーは一七八八年にブリソー、ミラボー、ラファイェットらとともに「黒人の友」協会を設立し奴隷制廃止を主唱した。

一七八九年に革命が始まるとコンドルセーはパリ市会議員に選ばれた。一七九〇年八月十三日に造幣局総監の地位が廃止されたのでコンドルセーは秋にリール通りの家に移った。一七九一年九月二十日にパリ選出の立法議会議員となったコンドルセーはしばらくエルヴェシウス夫人アンヌ＝カトリーヌの家に住んだ。オトゥーユ通りにある史碑には「一七七二年にパステル画家カンタン・ド・ラ・トゥールから購入した美しい庭に囲まれた家で、哲学者の未亡人エルヴェシウス夫人は、一八〇〇年に亡くなるまで、啓蒙の世紀の偉大な人たち、マルゼルブ、テュルゴー、ダランベール、コンドルセーが好んで訪れた有名なサロンを催していた」と書かれている。エルヴェシウス邸は現存しないが、後にラムフォードが亡くなるまで住んだ家だった。コンドルセーは教育の改革こそ啓蒙思想の根本であると考えた。公共教育委員会議長として、教育と宗教の分離、義務教育、初等教育の無料化、男女共学、成人教育などについての報告書を一七九二年四月二十日に立法議会に提出した。だがその日、立法議会はオース

オトゥーユサロン史碑

トリアへの宣戦を決めた。開戦の興奮の中でコンドルセーの提案は棚上げになってしまった。

コンドルセーは一七九二年九月にエーヌ県選出の国民公会議員になり、憲法起草委員会議長に選ばれた。翌年二月に、これまで培ってきた思想に基づいた憲法草案を国民公会に提出した。だが、ジャコバン派が提出した憲法草案が六月二十四日に可決された。コンドルセーは匿名でパンフレット「フランス市民へ、新憲法について」を書き、新憲法案は、よいところはすべてコンドルセー案を取り入れているが、権力を集中させるため、自由が十分保障されていない、と攻撃した。七月八日の国民公会でコンドルセーを逮捕する動議が可決された。コンドルセーは逃亡し、セルヴァンドニ通り（当時フォソアユール通り）に現存するヴェルネー夫人ローズ＝マリーの家にかくまわれた。『三銃士』のダルタニャンが住んでいた家の並びだ。家に取り付けられた銘板には「一七九三年と一七九四年に追放者コンドルセーはこの家に隠れがを見つけ、最後の著作『素描』を書いた」と記されている。国民公会は十月三日欠席裁判でコンドルセーに死刑を宣告した。

ソフィーはエルヴェシウス夫人の家に隠れ、農婦に身をやつし徒歩で夫の隠れがを訪れた。コンドルセーはソフィーのすすめで、「十八世紀の遺書」（ベネデット・クローチェ）とも言うべき『人間精神の進歩に関する歴史的展望の素描』を書いた。『素描』（渡辺誠訳『人間精神進歩史』、岩波文庫）は次の言葉で終わっている。「人類に関するこの展望は、すべての鉄鎖から解放され、その進歩の敵たちの支配からも、偶然の支配からも免れて、真理や徳や幸福の道路のうちに、健全にして確実な足どりをもって進んで行って、今なお地球上を汚濁し、この哲学者〔コンドルセー〕をもしばしばその犠牲としている誤謬や犯罪や不正を見て嘆いている哲学者を慰藉するような光景を、どんなに見せてくれていることか！　この展望を観照することによってこそ、理性の進歩のため、はたまた自由の擁護のため、この哲学者が払った努力に値する代償を受け取るのである。……このような観照は、哲学者にとっては一つの安息所であり、その迫害者たちについての

セルヴァンドニ通りの隠れが（右二軒目）（左頁）

回想も、かれをそこまでは追いかけて来ることはできないし、この安息所においては、自分の本性の威厳も権利も恢復した人間とともに、思索によって生きて行って、貪婪、恐怖ないし羨望のために懊悩し、堕落した人間であることを忘れてしまうのである。ここにおいてこそかれは、その仲間とともに一つの理想郷――それはかれの理性が拵えることのできたものであり、人間性に対するかれの愛情から、もっとも純潔な快楽をもって飾りつけたものである――のうちに真に生活しているのである。」

ヴェルネー夫人に危険が及ぶことを恐れたコンドルセーは、一七九四年三月二十五日に女装して（少年時代の再現だ！）隠れがを出て、二十七日に旧友アメリー・シュアールとその夫ジャン＝バティスト＝アントアーヌ・シュアール（一七七四年から一八一七年までアカデミー・フランセーズ会員）をパリ郊外の町フォントネー＝オ＝ローズに訪ねた。コンドルセーは一七七二年から一七七四年までシュアールの家に住んだことがあった。だがシュアール夫妻はコンドルセーをかくまうことを拒否した。コンドルセーは午前十一時頃シュアール家を辞し、午後二時頃、近くの町クラマールの宿屋の食堂でオムレツを注文した。「卵いくつ？」と訊ねられて、しばらくためらった後、「十二個」と答えた。オムレツのつくり方を知らないのは貴族だ！異様な身なり、何日も剃っていないひげ、憔悴した顔を見て怪しまない人はいない。コンドルセーは逮捕され、ブール＝エガリテ（ブール＝ラ＝レーヌ「女王の町」は当時「平等の町」に改称されていた）の獄舎に投じられたが、三月二十九日午後四時頃独房で死んでいるのを獄吏が発見した。五十歳だった。

パリ近郊鉄道B線に三十分も乗るとブール＝ラ＝レーヌに出る。ここから二駅めがフォントネー＝オ＝ローズだ。ブール＝ラ＝レーヌ駅の近くに数学者ガロアの父が町長を務めていた町役場がある。その前はコンドルセー広場になっている。そこからルクレール将軍大通りを歩いていくと、途中におんぼろの建物がある。はさみをデザインした看板があるから最近まで床屋だったのだろう。その看板の横に「コンドルセー侯爵は

旧獄舎

旧獄舎銘板

〔革命暦〕二年芽月九日（一七九四年三月三十日）この家で亡くなった」と書かれた銘板が取り付けてある。当時この建物は獄舎として使われていた。ルクレール将軍大通りをさらに少し歩くとガロアの生家跡があり、そこでビエーヴル通りを右に曲がると町営墓地に出る。墓地にはガロア没後百五十周年に建てられた墓碑がある（一八三二年六月二日にガロアが埋葬されたモンパルナス墓地の共同溝の場所はわからなくなった）。一七九四年三月三十日、コンドルセーは同じ町営墓地に

ガロア墓碑

埋葬されたが、墓は廃棄され、その場所はわからなくなってしまった。パンテオンに墓所がつくられたのは革命二百周年の一九八九年十二月十二日のことである。

ソフィーは娘エリザと妹シャルロットを養うためサントノレ通りに小さなランジェリーの店を開いた。恐怖政治が終わると、国民公会は一七九五年に一転して『素描』三千部を購入し共和国全土に配布することを決めた。ソフィーは一七九八年にアダム・スミスの『道徳感情論』を翻訳出版し、一八〇一－〇四年に『コンドルセー全集』二十一巻を出版した。一七九九年に再開したソフィーのサロンはナポレオン時代に帝政に反対する共和主義者が集まる場所になった。ソフィーが亡くなったのは王政復古の反動の時代、一八二二年九月八日である。ソフィーの墓はペール＝ラシェーズ墓地にある。エリザは一八〇七年に統一アイルランド人協会に属した革命家アーサー・オコナーと結婚した。夫妻は一八四七－四九年に『コンドルセー全集』改訂版十二巻を出版した。

コンドルセー墓所

流れ行く河よ

ケプラー

Johannes Kepler

ネカーとヘルダリーン塔

テュービンゲンはネカー河畔の美しい大学町だ。エーバーハルト橋の上からネカー河とプラタナスの並木が続く中州と町を望む景色が美しい。河岸に「ヘルダリーン塔」が見える。詩人ヘルダリーンが、一八〇七年から一八四三年の死まで、精神を病んで幽閉されて過ごした場所だ。ヘルダリーンはネカーにこう語りかけた（川村二郎訳『ヘルダーリン詩集』、岩波文庫）。

あなたの谷でわが心は生へとめざめ
あなたの波が私をめぐってさざめいた。
流れ行く河よ！　あなたを知る
やさしい丘の全ては私に近しい。

ヘルダリーンは一七七〇年にネカー河畔の町ラウフェンに生まれた。二歳で父を失った。四歳のとき、再婚した母とともに、同じくネカー河畔のニュルティンゲンに移ったが、九歳になる前に継父を失っている。ラテン語学校の最後の年には五歳年下のシェリングと一緒だった。一七八六年にマウルブロン神学校に進学した。後にヘッセが逃げ出し『車輪の下』の舞台にした学校だ。ヘルダリーンはマウルブロンで友人エマー

マウルブロン神学校

ヌエル・ナストの従妹ルイーゼ・ナストと恋仲になった。

ヘルダリーンは一七八八年十月にテュービンゲン神学校（テュービンゲン大学神学部）に入学し、すぐに同年齢のヘーゲルと知り合った。エーバーハルト橋を渡ってヘルダリーン塔の裏の古い石畳の道をネカーに沿ってたどると坂道の下に神学校がある。一七九〇年にシェリングが入学し、寄宿舎でヘルダリーン、ヘーゲルと同室になった。ヘルダリーンはルイーゼと頻繁に手紙を交換していたが一七八九年三月の手紙で恋を終わらせてしまった。

ヘーゲルはネカー河畔の町シュトゥットガルト、シェリングはレオンベルク生まれである。レオンベルクはシュトゥットガルトから西に向かう近郊線で二十五分の距離だ。シェリングの生家はプファール通りに現存する。木組みの家に囲まれた美しいマルクト広場には「ヘルダリーンの家」がある。ヘルダリーンは苦悩にみちた人生を送ったが、一七八八年九月にこの家でルイーゼとつかのまの幸福な時を過ごした。エマーヌ

「ヘルダリーンの家」

シェリング生家

エル・ナストの実家でパン屋だった。

「ヘルダリーンの家」の斜め向かいにケプラーの家が現存する。一軒の木組みの家には「一五七六―一五七九年当時生徒だった天文学者ヨハネス・ケプラーの両親の家」と書かれた銘板が取り付けられ、その右隣の大きな家には「一五七二年から一五八五年まで天文学者ヨハネス・ケプラーはここに住んだ」という銘板が埋め込まれている。後者は明らかに間違っているがいまさら取り外せないのだろう。ケプラーは一五七七

マルクト広場旧居

レオンベルク学校

年にドイツ語学校、翌年にはラテン語学校に進学した。いずれの学校もプファール通りに現存する同じ建物内にあった。ルター派のヴュルテンベルク公国に属するレオンベルクでは義務教育が施行されていた。それがケプラーに幸いした。

ケプラーが生まれたのはレオンベルクからさらに近郊線で十分ほど西にあるヴァイル・デル・シュタットという小さな町である。当時は自由帝国都市ヴァイルだった。マルクト広場の中央にケプラー銅像がある。台座の四すみにコペルニクス、メストリン、ブラーエ、ビュルギの銅像があり、四面に天文学（女神ウラーニア）、数学（メストリンがケプラーにコペルニクス体系を教えている）、物理学（ブラーエとケプラーの論争）、光学（ビュルギがケプラーの望遠鏡で木星を観測している）のレリーフが刻まれている。広場のすみの小路ケプラーガッセにはケプラーの生家が記念館になっている。ケプラーは一五七一年十二月二十七日にこの家で生まれた。三十年戦争末期の一六四八年十月

ケプラー銅像

ケプラーガッセ生家

にフランス軍が町に火を放ち、ケプラーの家も消失したがもとの通りに建てなおされた。祖父ゼーバルトは商人で旅籠エンジェル館を経営し、町長も務めた。エンジェル館もマルクト広場の片すみに現存する。ヴァイルの住民の大部分はカトリックだがケプラー家はルター派だった。だが父ハインリヒは、オランダのカルヴァン派が起こした独立戦争を弾圧するスペインのカトリック軍傭兵となり、一五七三年に出征した。母カタリーナは一五七五年に夫を連れ戻すため戦地に赴いた。両親不在の間にケプラーは天然痘にかかり、目が不自由になった。

帰郷した両親は一五七五年末にレオンベルクに引っ越した。一五七九年末に一家はヴァイルの北西二十キロにあるエルメンディンゲンに引っ越したが住居は現存しない。ケプラーは一五八二—八三年の冬にレオンベルクのラテン語学校に戻った。母の実家に住んだのだろう。レオンベルクの南にエルティンゲンという町があり、カール＝シュミンケ通りに母カタリーナの生

エンジェル館

カタリーナ銅像

カタリーナ生家

家が現存する。角の噴水にはカタリーナの銅像が立っている。ケプラーは一五八三年に学校を卒業すると両親の家に帰った。翌年には再びレオンベルクに引っ越したが住居は残っていない。

その年十月十六日にケプラーはアーデルベルクにある修道院学校に入学した。シュトゥットガルトの東四十キロに位置する小さな村で、かつての修道院学校の建物プレラトゥールの壁に銘板が取り付けてある。ケプラーは一五八六年十一月二十六日にマウルブロン修道院学校、一五八九年九月十七日にテュービンゲン神学校に進学した。ヘルダリーンと同じ学歴だ。この頃、父は出征したが二度と戻ってこなかった。ケプラーは数学・天文学教授ミヒャエル・メストリンからコペルニクス体系を学んだ。一五九一年八月に諸芸学部を終え神学の研究を始めたが、修了前の一五九四年四月十一日にシュタイアマルクのグラーツ神学校数学・天文学教師として赴任した。一五九六年にテュービンゲンで『宇宙の神秘』を印刷し翌年出版している。太陽系を幾何学的に理解しようとするその内容は現代から見

アーデルベルク修道院学校

れば間違っているが、コペルニクス体系に基づく最初の論文で、ケプラーのその後の研究の基礎になった。著書を受け取ったティコ・ブラーエはケプラーの才能を認め訪ねてくるように言ってきた。一五九七年四月二十七日には裕福な未亡人バルバラ・ミュラーと結婚した。グラーツの南十キロ、ゲセンドルフの近くにミュラー家のミューレック城が現存する。

シュタイアマルクで反宗教改革が始まった。狂信的なカトリック教徒フェルディナント大公は一五九八年

テュービンゲン神学校

グラーツ神学校

九月末にルター派の学校を閉鎖し、説教師と教師をシュタイアマルクから追放した。帰国を許されたのはケプラーのみで十月末にグラーツに帰ってきた。グラーツ駅からまっすぐの道を下ってムール川にかかる橋を渡ると旧市街に出る。広場に面するデパートの中庭パラダイスホーフにかつての神学校の建物が残っている。デパートの一部として使われている建物の壁に「ヨハネス・ケプラーは数学教授として一五九四―一五九九年にこの場所、かつてのプロテスタント神学校で教えた。彼はグラーツで最初の天文学著作『宇宙の神秘』を執筆し、それによって全西洋で有名になった。反宗教改革の中で彼は一六〇〇年にグラーツを去らねばならず、プラハの皇帝ルードルフ二世の宮廷でティコ・ブラーエの協力者および後継者になった。福音主義神学校は閉鎖されクラリサ女子修道院に変えられた」と書かれた銘板が取り付けてある。ラウバーガッセの奥に「ケプラーケラー」という食堂がある。このあたりにケプラーが住んだバルバラの家があった。

「ケプラーケラー」

一六〇〇年七月二十七日にフェルディナント大公はグラーツ全市民に、カトリックに改宗するか、町を出ていくよう命令した。ケプラーは信仰を変えず、九月三十日に帝室数学者ブラーエを頼ってプラハに旅立った。翌年九月に皇帝ルードルフ二世は新しい惑星表をつくるようブラーエとケプラーに命じた。だが十月二十四日にブラーエが急死した。皇帝は二日後にケプラーを後継者に任命した。ブラーエの蓄積した精確な観測記録に基づいてケプラーが惑星運動に関する第二法則「動径は一定時間に一定面積を描く」を一六〇二年に、第一法則「惑星は太陽を一つの焦点にした楕円で運動する」を一六〇三年に発見し、『新天文学』を完成したのは一六〇五年である。ハイデルベルクで印刷され一六〇九年に出版された。

ヨハネス・ケプラー

妻バルバラが一六一一年七月三日に亡くなり、廃帝となったルードルフが翌年一月二十日に亡くなった。庇護者を失ったケプラーは四月中旬にプラハを去りドナウ河畔のリンツに向かった。州数学者に就任するためである。一六一三年十月三十日にズザナ・ロイトリンガーと再婚した。一六一五年にはさまざまな形の樽の容積を算出する方法を考案して『ワイン樽の容積』を出版した。「ケプラーの樽公式」は積分の先駆で「シンプソンの公式」の特別な場合になっている。

一六一五年から一六一六年にかけてレオンベルクで六人が魔女として処刑された。母カタリーナも魔女の疑いをかけられ裁判にかけられそうになった。ケプラーは不安の中で研究を続け、一六一八年五月十五日に惑星運動に関する第三法則「任意の二つの惑星の周期の比は厳密に平均距離の比の一・五乗に等しい」を発見し、一六一九年に『世界の調和』を出版した。一六二〇年八月七日に母が逮捕された。ケプラーは家族をレーゲンスブルクの友人クリストフ・レンツの家（バウムハカーガッセに現存）に託し、レオンベルクに赴いた。母は十四か月間牢獄につながれたが、一六二一年十月四日に釈放された。母の釈放を見届けたケプラーはリンツに帰った。母は翌年四月十三日に亡くなった。レオンベルクの墓地の壁にカタリーナの墓があったことを示す銘板が取り付けられている。

カタリーナ記念碑

ドナウとリンツ

ラートハウスガッセ旧居

ある年のクリスマスイヴに思い立ってリンツに出かけた。午後三時頃リンツに到着し町をぶらついていたら、それまで賑やかだった町から急に人気がなくなった。あわてて宿を探したがどこも休業である。なんとか宿を取ったものの腹が減った。だがクリスマスイヴに食堂など開いているわけがない。宿の主人からパンの施しを受けて飢えをしのいだものだ。翌朝ドナウの川岸にそびえる城山に登ってみた。公園にはケプラー記念碑がある。青いドナウと豊かな緑に包まれた絶景にしばし息もできないほどだった。その後、ラートハウスガッセにあるケプラーの家を訪れた。ケプラーは一六二二年から住んだこの家で『ルードルフ表』を完成した。過去・未来の諸惑星の位置を計算できるようにした表で、ガサンディーは一六三一年十一月七日に水星の太陽面通過を観測し、『ルードルフ表』の正確さを実証した。

ケプラーが第三法則を発見した八日後に三十年戦争が始まった。翌一六一九年八月二十八日フェルディナント大公が皇帝フェルディナント二世になった。反宗

ハンス・ハラーの家

教改革の動きはさらに強まりリンツでの生活は耐えられなくなっていた。一六二六年十一月二十七日ケプラーは家族とともにドナウをさかのぼってウルムに向かった。途中レーゲンスブルクでハンス・ハラーの家(ケプラーが亡くなった家の斜め向かいに現存)に家族を託し十二月八日に単身でウルムに向かった。

ウルムはアインシュタインの生まれた町だ。大聖堂広場のカフェではアインシュタインの頭をかたどったチョコレート「アインシュタインケプレ」を売ってい

ドナウとウルム

ウルム市庁舎（右下に銘板）

るが、アインシュタインを口に入れる勇気はぼくにはない。煙のような、とにかく高い場所が好きな人は世界一高い大聖堂に上ってみるのもよいが、ドナウ河対岸にあるベンチに座ってウルムの町を眺めてみよう。悠々たるドナウ河の流れと町のシルエットを見飽きることはない。

ウルム市庁舎の外壁に「ケプラーは一六二七年にここでルードルフ表を出版した」と書かれた銘板が取り付けてある。ケプラーは一六二六年十二月から一年間ラーベンガッセに滞在し『ルードルフ表』を印刷した。ネイピアは一六一四年に自然対数を発明したが、その仕組みを説明しなかった。ケプラーは対数の仕組みを説明した論文を書き『ルードルフ表』に惑星の位置を計算するための対数表を掲載した。

ウルム駅から小さな列車に乗って「黒い森」の中を西に行くと、モーツァルトも訪れたことがあるドナウエシンゲンにたどり着く。小さな町の中にヘルダリーンが詩を捧げた「ドナウの源」がある。町を横切って

『ルードルフ表』（左下にケプラー）

ブリガッハ

流れるブリガッハ沿いの小径は森の中の快適な散歩道になっている。その道をしばらく行くとブレークとの合流点に出る。斎藤茂吉は「ドナウ源流行」(阿川弘之・北杜夫編『斎藤茂吉随筆集』、岩波文庫)の中で「自分は此拠まで来て、ブレークがブリガッハに合し、さうしてドナウの源流を形づくるところを見て、僕の本望は遂げた」と書いている。ドナウエシンゲンから北に十キロの距離に「ネカーの源」がある。ブリガッハから四キロしか離れていない。

ハイネはドナウとネカー流域のシュヴァーベン地方で活動したケプラーを「シュヴァーベン学派」と呼んでいる。一九三〇年、ケプラー没後三百年にアインシュタインは「私たちのように、不安がのしかかり激動する時代、人間や人間の行為に喜びを見いだすのが困難な時代に、ケプラーのような偉大な静かな人間を思うと特別に慰められるものである。ケプラーは自然の普遍的合法則性がまったくわからなかった時代に生きた。彼一人で、誰にも助けられず、ほとんどの人に理解されず、惑星の運動とその運動の数学的合法則性の経験的研究に十年にわたる骨の折れるきびしい仕事を捧げた。その力を与えたこの合法則性への信念はいかに強かったことだろう」と書いている。その言葉はアインシュタイン自身にもあてはまる。ハイゼンベルクは一九七四年にウルムのアインシュタインハウスで行った講演で「アインシュタインは普通のシュヴァーベン人だった。そしてこのゲルマン部族の普通でない哲学的、芸術的活動はアインシュタインの思想の中にも跡を残している」と言っている。

ヒレブラント・ビリーの家

ケプラー記念堂

　皇帝軍の総司令官ヴァレンシュタインから招聘されたケプラーは一六二八年七月二十日にザーガン（現在ポーランド領ジャガン）に着いた。だが一六三〇年九月十三日にフェルディナント二世はヴァレンシュタインを解任してしまった。後ろ楯を失ったケプラーは十月八日リンツに赴くため単身でザーガンを発ち、ライプツィヒ、ニュルンベルクを経て十一月二日にレーゲンスブルクのヒレブラント・ビリーの家（河岸のケプラー通りに現存し記念館になっている）に立ち寄ったが、三日後重い熱病に倒れて十五日に亡くなり十九日にプロテスタント墓地に埋葬された。

　ヴァレンシュタインにかわって総司令官となったティリーはマクデブルクを劫掠した。この残虐な行為が三十年戦争でプロテスタント反攻のきっかけになった。スウェーデン王グスターヴ・アドルフ率いるプロテスタント軍がミュンヘンに向けて進軍するときレヒ川の戦闘でティリーは重傷を負い一六三二年四月三十日に亡くなった。レーゲンスブルクでは防衛のため市壁の外にあったプロテスタント墓地を破壊した。妻ズザナ

ケプラー記念堂胸像
（ケプラー記念館蔵）

が一六三五年にレーゲンスブルクを訪れたとき墓所はわからなくなってしまっていた。レーゲンスブルク駅前は緑の公園になっているがその中に八本の柱を持つケプラー記念堂がある。一八〇八年にケプラーの墓所と思われる場所に建てられたが一八五八年に現在の位置に移された。

フェルディナント二世に再任されたヴァレンシュタインは一六三二年十一月六日にグスターヴ・アドルフを戦死させた。ぼくは学生時代に生野幸吉先生のドイツ語講義を感動して聴いた。『ヘルダーリン全集』（河出書房新社）には生野訳で「グスタフ・アドルフ」や「グスタフ・アドルフに寄せるある連詩の終章」もあるが、ここでは「ケプラー」を紹介しよう。ヘルダリーンはケプラーの墓前でニュートンにこう言わせた。

あなたはそこではじめたのだ、スエヴィアの子よ、
あらゆる世紀が眼くるめくところで、
そしてああ！
わたしはあなたが始めたものをなしとげるのだ、
それというのも、かがやかしき人よ、
あなたがゆく道を照らしたからだ！
あなたはあの迷路のなかで、
夜闇へ光をよび出したのだ。
胸に住む火はたとえ
いのちの髄をむしばもうとも――
わたしはあなたに追いつこう、
わたしは完成するものだ！
なぜなら道は偉大だから、まじめで偉大だからだ、
あなたの道は、金を嘲けり、自足する道だ。

かじりかけのリンゴ

テューリング

Alan Turing

コンピューターは嫌いだ。物理学科の学生時代は手回し計算機だった。割り算一つに何分もかかる。複雑な関数の積分となると、ガリガリ、ゴリゴリ、一日中ハンドルをまわし続けた。タイガー計算機と呼んでいたが、もとは虎印計算機で、発明者の大本寅治郎の名を取ったものである。寅さんだ。やがてコンピュータ一の演習が始まった。プログラムは紙テープに打ち込む。真田六文銭みたいなコードを必死で憶えたが、プログラムをチェックしていると、必ず誰かが紙テープを踏みつけて破ってしまう。大学院では紙のカードにプログラムを打ち込んだ。何百枚もあるカードをひっくり返してなにがなんだかわからなくなったこともある。計算機センターに処理を頼んでも結果が出るのは一週間後、一文字でも打ち間違いがあれば、また一週間。やってられないよ。というわけで、コンピューターとは永遠に絶縁した。

と思った。ところがこんどはパソコンだ。かじりかけのリンゴのロゴがついた、少しは人間味のあるパソコンが気に入った。十年使い続けている現役のリンゴのパソコンは確かに個性がある。ありすぎる。キーボードで「よ」を打つと画面に爆弾が現れてハングアップしてしまうのだ。洋子、佳江、小夜子、加世子、みんなだめだ。女性名だけではない。とにかくすべての「よ」を受け付けない。そこで「よ」を含む単語を表にしておき、その表からコピーして原稿を書いている。いまではうっかり「よ」を打つ回数は一年に一回くらいになった。そこで、こんな苦労をさせるコンピューターの原理を考えたテューリングのことを知りたい、恨みの一言も言ってみたい、と思うのは当然だろう。

アラン・テューリング

テューリング誕生の地

アラン・マシソン・テューリングは一九一二年六月二十三日にロンドンで生まれた。父ジュリアス・マシソンはマドラス行政府の公務員だが、妻の出産のために帰国していた。テューリングが生まれたのは、地下鉄ベイカールー線のウォーリック大通り駅近く、ウォーリントンクレセントにある産院で、現在その建物はホテルとして使われている。ヴィーンから亡命したジークムント・フロイトが一時住んでいた場所だ。壁に「暗号解読者でコンピューター科学の先駆者はここで生まれた」と書かれた青い銘板が取り付けてある。

母エセル・セーラ・ストーニーはアイルランド人で、彼女の祖父のまた従兄弟にあたるのがジョージ・ジョンストン・ストーニーである。ストーニーは一八七四年に水素イオンの電荷が電荷の基本単位であるとして、史上初めて素電荷の値を決めた。その値は現代の値の十六分の一程度だが、重要な最初の一歩だった。一八八一年には「自然単位」として、光速度、重力定数、素電荷を採用することを提案している。素電荷のかわりにプランク定数を採用したプランクの先駆けとなる大胆で独創的な考えだ。また一八九一年に電子が楕円軌道を描いて運動し、電磁波を放射する原子模型を提案した。電子が発見される六年も前である。「エレクトロン」という用語はその論文の中で素電荷につけた名だった。甥のフィッツジェラルドは、一八九七年にJ・J・トムソンが電子を発見すると、電子をエレクトロンと呼んだ。電子計算機の「電子」はストーニーに由来するわけだ。

テューリングはストーニーが電子の名を考えついただけで有名であることに不満だったようだが、まして、電子社会に生きる現代人のほとんどはストーニーの名すら聞いたことがないだろうが、ストーニーは独創的な考え方を持ち、時代の先を行く優れた物理学者だった。ストーニーは、クイーンズ大学（コーク、ゴールウェイ、ベルファストのクイーンズカレッジからなり本部がダブリンにあった）が一八八二年に廃止されるまで監事、一八九三年まで公務員試験総監で、行政の仕事の合間に研究をしていた。定年後にロンドンに移り、テューリングが生まれる一年前の一九一一年七月五日にロンドンのノティングヒルで亡くなった。読者の皆さま、まさかストーニーの墓までぼくが探しだしたとは思っておられないだろうが、見損なわないでいただきたい。墓はダブリン郊外の町ダンドラムの古い小さなセント・ナヒ教会の墓地にある。ダブリン市内からバスで二十分ほど南に向かうとダンドラムに着く。坂道を上るとトーニー教区教会のさらに上にストーニーが住んでいたストーニーロードがある。トーニー教区には二つの教会があり、セント・ナヒ教会は坂道を

ストーニー墓所

セント・ナヒ教会

下りた斜面にあった。セント・ナヒが七世紀に修道院を建てた場所である。「切り裂きジャック」ではないかと疑われたヴィクトリア女王の侍医ウィリアム・ガルはこの墓地に埋葬されたと言われている。

テューリングは兄ジョンとともに両親の友人ウォード夫妻にあずけられた。その家はチャリングクロス駅から列車で一時間半の距離にある海辺の町セント・レナーズにある。一九二六年十四歳のときシャーボーン校に編入学した。数学者ホワイトウッドの卒業した名門パブリックスクールでサウサンプトンの西にある。テューリングは一九二八年初め、十五歳のときアインシュタインの著書『相対性：特殊および一般理論』を解説した手紙を母に書き送っている。それは自分自身の思考方法で再構成したもので、「彼〔アインシュタイン〕はここで物体に対する一般運動法則を見つけなければならないのです。それはもちろん一般相対性原理を満たさねばなりません。ところが、残念なことに、彼はその法則を与えていません。そこでぼくがそれを与えてみます。それは、一つの粒子の履歴において、

キングズカレッジ

任意の二つの事象の間の距離は、世界線〔四次元空間における粒子の軌跡〕に沿って測ったとき、極大あるいは極小になる、というものです」として、その法則を簡潔に証明しているが、信じられないような天才少年だったことがうかがえる。

シャーボーンで一歳年長のクリストファー・モーコムと親友になった。テューリングはモーコムに夢中になったが片思いのかなわぬ初恋だった。二人はケンブリッジのトリニティーカレッジの試験を受けたがモーコムは合格し古典の授業を嫌ったテューリングは不合格だった。それから二か月もたたない一九三〇年二月十三日にモーコムは結核で亡くなってしまった。テューリングは翌年もトリニティーの試験に失敗したが第二志望のキングズカレッジに採用された。一九三三年に物理学者エディントンの講義で、測定値をグラフで表すと釣り鐘型の正規分布になることを聴いたテューリングは翌年に卒業論文「ガウスの誤差関数について」を書いて「中心極限定理」を証明した。すでに一九二二年にフィンランドのリンデベルイが証明を与えていたが、一九三五年この論文によってフェロウに採用された。その年、数学講師マクス・ニューマンが行った講義「数学の基礎」を聴いたテューリングは画期的な論文「計算可能な数について、決定問題への応用」を一九三六年五月二十八日に提出した。二十四歳だった。

　あるとき講義の途中で学生の一人に「数学の講義でこんなこと習った?」と訊いたことがある。こんなことがどんなことか忘れたが、その学生は「習ったことがある」と答えたので「数学でもたまには役に立つことを教えているのか」とついもらしてしまった。後日、

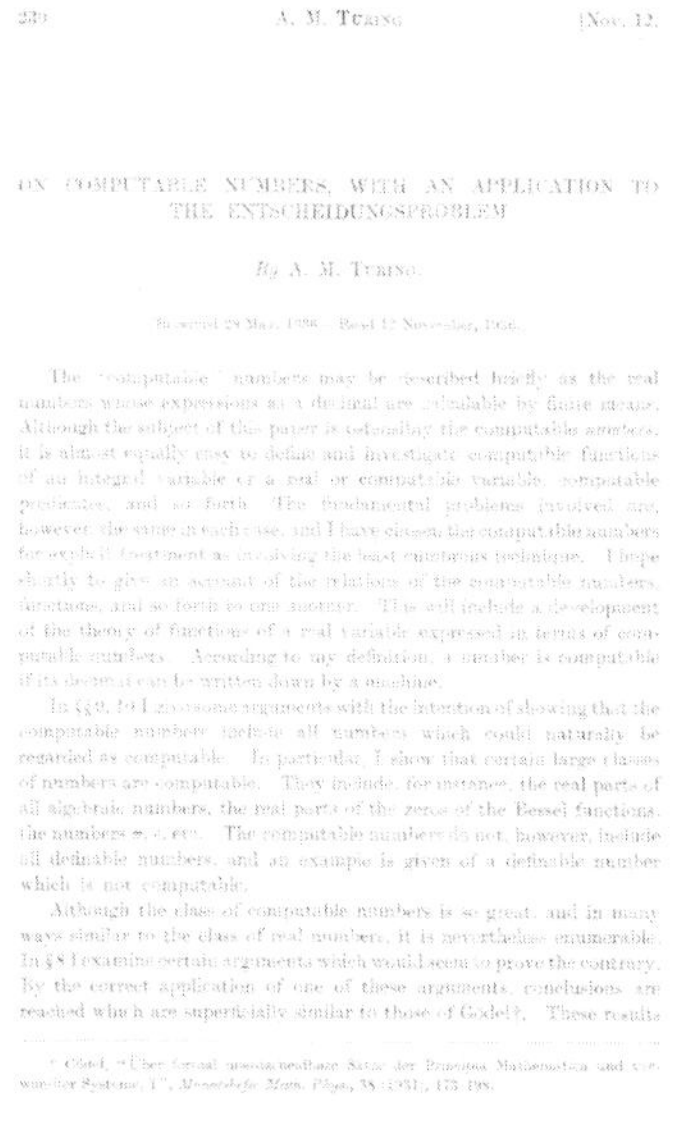
230 A. M. TURING [Nov. 12,

ON COMPUTABLE NUMBERS, WITH AN APPLICATION TO THE ENTSCHEIDUNGSPROBLEM

By A. M. TURING.

[Received 28 May, 1936.—Read 12 November, 1936.]

The "computable" numbers may be described briefly as the real numbers whose expressions as a decimal are calculable by finite means. Although the subject of this paper is ostensibly the computable *numbers*, it is almost equally easy to define and investigate computable functions of an integral variable or a real or computable variable, computable predicates, and so forth. The fundamental problems involved are, however, the same in each case, and I have chosen the computable numbers for explicit treatment as involving the least cumbrous technique. I hope shortly to give an account of the relations of the computable numbers, functions, and so forth to one another. This will include a development of the theory of functions of a real variable expressed in terms of computable numbers. According to my definition, a number is computable if its decimal can be written down by a machine.

In §§ 9, 10 I give some arguments with the intention of showing that the computable numbers include all numbers which could naturally be regarded as computable. In particular, I show that certain large classes of numbers are computable. They include, for instance, the real parts of all algebraic numbers, the real parts of the zeros of the Bessel functions, the numbers π, e, etc. The computable numbers do not, however, include all definable numbers, and an example is given of a definable number which is not computable.

Although the class of computable numbers is so great, and in many ways similar to the class of real numbers, it is nevertheless enumerable. In § 8 I examine certain arguments which would seem to prove the contrary. By the correct application of one of these arguments, conclusions are reached which are superficially similar to those of Gödel†. These results

† Gödel, "Über formal unentscheidbare Sätze der Principia Mathematica und verwandter Systeme, I", *Monatshefte Math. Phys.*, 38 (1931), 173-198.

「計算可能な数について、決定問題への応用」


さる高名な数学者から「この前講義で、数学でもたまには役に立つことを教えているのか、と言ったでしょ」とからかわれた。しまった。あの学生が告げ口したのだ。ハーディーの言葉を付け加えるのを忘れたのはまずかった。ハーディーは著書『ある数学者の弁明』の中で「ごくわずかの数学だけが実際上役に立つ。そしてそのわずかは退屈だ」と述べているのだ。

　だがコンピューターは役に立ちそうもない数学の問題から生まれた。テューリングの論文の題名に現れた「決定問題」はドイツ語「エントシャイドゥングスプロブレーム」になっている。ダーフィト・ヒルベルトは数学が完全で矛盾のない論理的な基礎の上に形式化することができることを証明する「ヒルベルトプログラム」を提案した。ヒルベルトの「決定問題」は「ある命題が普遍的に正しいかどうかを決定する」問題である。ヒルベルトは一九三〇年九月八日故郷ケーニヒスベルクで行った講演の最後に「われわれは知らねばならない。われわれは知るだろう」と宣言した。ヒルベルトの墓碑に刻まれている言葉である。ところがそ

の前日同じケーニヒスベルクで開かれた会議で二十四歳のクルト・ゲーデルは不完全性定理を宣言し、翌年印刷公表した。「ある系が無矛盾ならそれは完全ではあり得ない」、「公理系の無矛盾性はその系の中では証明できない」。テューリングの論文はゲーデルの不完全性定理を別の形式で証明したものである。

テューリングの論文は「計算機械」の定義から始まる。「実数を計算している人を機械にたとえることができる……。その機械はそれを通過するテープ（紙の類似物）が与えられており、記号を記すことができる部分（四角形と呼ぶ）に区画されている。」テューリングは、アルゴリズムをあらかじめ「テープ」に与えておけば、いかなる数学の問題も解ける理論上の自動機械を考えた。この「テューリングマシーン」が現代のコンピューターの原理になった。また、テューリングマシーンは停止するかどうかをアルゴリズムで判定することができないことから、「決定問題」に答えがないことを証明した。

テューリングは一九三六年からプリンストン大学において、ほぼ同時にヒルベルトの問題を解いたアロンゾウ・チャーチに師事し、一九三八年に論文「順序数に基づく論理体系」で学位を得た。テューリングは研究員に採用するというフォン・ノイマンの申し出を断ってキングズに戻った。テューリングがディズニー映画『白雪姫』に魅了されたのは帰国したケンブリッジでのことである。悪い妃の台詞「リンゴを秘薬に浸けよう、永遠の眠りをしみ込ませよう」を何度も口ずさんでいた。テューリングはリーマン予想（ツェータ関数の非自明な零点は実部が二分の一）が間違っていると考え、反例を探すため歯車と滑車からなるツェータ関数機械をつくり始めたが突然中断した。九月一日にドイツがポーランドに侵攻し第二次大戦が始まった。テューリングは九月四日にブレチリーに出頭した。ロンドンのユーストン駅から北西に一時間ほどでブレチリーに着く。駅のすぐ前にブレチリー公園があり国立暗号センターになっている。受付がある建物に入るとスレイトを重ねてつくったテューリング像がある。旧邸宅の右奥に三軒のコテジが並んでいる。御者頭の住

ブレチリー公園旧邸宅

宅、穀物小屋、馬具小屋だった。

ディリー・ノクスらは一九三九年七月二十四—二十六日にワルシャワ郊外でポーランド人数学者マリアン・レジェフスキーらからドイツの暗号機「エニグマ」の暗号を解く方法を聞いていた。馬具小屋、第三コテジにいたテューリングはノクスらがもたらした情報をもとに一九四〇年に初めてエニグマの解読に成功した。テューリングとチェスの名手ヒュー・アレグザンダーが率いるティームが与えられたのは粗末な木造

テューリング像

第八ハット

テューリングの部屋

の第八ハットだった。テューリングの部屋も残されている。第十一ハットはれんが造りの頑丈な建物で、テューリングのエニグマ解読機「ボンブ」があった場所だ。一九四二年夏にやってきたニューマンは第十一ハットで別のティームを率いていた。ニューマンはエニグマよりも解読が困難な暗号ローレンツに直面していた。テューリングはニューマンに電気技師トミー・フラウアーズを紹介した。フラウアーズは世界初の電子計算機「コロッサス」をつくった。

エニグマ解読機「ボンブ」

テューリングは戦後、一九四五年から一九四七年まで、ダーウィンの孫の理論物理学者チャールズ・ゴールトン・ダーウィンが所長を務める国立物理学研究所で、プログラム内蔵式コンピューターの設計に関わったが開発は思うように進展しなかった。研究所はロンドンのテディントンにある。研究所から広大なブッシー公園を突き切るとテムズ河畔のハンプトンにテューリングが住んだ下宿アイヴィーハウスが現存する。壁に「暗号解読者は一九四五―一九四七年ここに住んだ」と書かれた銘板が取り付けてあるが、「数学者」とすべきだ。テムズ河に沿ってしばらく歩くとファラデイが晩年を過ごしたハンプトンコートに出る。

一九四五年からマンチェスター大学教授になっていたニューマンは一九四八年にテューリングを講師として招聘した。だがハードウェア開発にあきたらず、テューリングの興味は人工知能に向かった。一九五〇年の論文「計算機械と知性」で人工知能の可能性を示し、テューリングテストを提案した。テューリングはこの年に一生で一度の自宅を持った。マンチェスターのピカディリー駅から郊外電車で南に二十分ほどでウィルムズロウに着く。鉄道のガードをくぐって橋をわたり、小川に平行する静かな住宅街の道ウィルムズロウパークロードを抜けてアドリントンロードに出ると人家が途切れた場所にテューリングの家がある。当時は「ホリミード」と呼ばれていたが、現在は「ザ・ウィロウ」になっている。家の前に柳の木が植えられている。テューリングは電車か自転車で通勤した。テューリングは優れたアスリートだった。母セーラはテューリン

旧居アイヴィーハウス

アドリントンロード旧居

グの没後一九五九年に出版した伝記の中で「ある夕刊紙はアランについての短い記事に「電子アスリート」と見出しをつけるまでしました」と伝えている。テューリングは一九五二年に論文「形態形成の化学的基礎」を発表した。「反応拡散方程式」を生物学に応用して花の模様や虎の縞模様の形成を解明しようとした先進的な論文である。同じ年にツェータ関数の零点を一一〇四個見つけた論文を投稿している。テューリングはスピノルなど量子力学の数学的研究も始めたが完成しなかった。重力定数が時間とともに変化するというディラックの考えにも興味を示している。

一九五二年一月に空き巣に入られたテューリングは警察に通報したが、犯人はテューリングの同性愛の相手になった十九歳の少年の知り合いだった。テューリングの同性愛を知った警察は三月三十一日に被害者のテューリングを裁判にかけ有罪にした。テューリングは、女性ホルモンを服用することを条件に執行猶予になったが、一九五四年六月八日ベッドで亡くなっているのを家政婦に発見された。四十二歳になる前だった。

テューリング像

死因は青酸カリ。ベッドの側にはかじりかけのリンゴが置いてあった。遺品の中にはツェータ関数機械に使った歯車があった。警察は自殺と考えたが、母は「どのような普通の基準にてらしても彼は生きる目的を持っていました」と書いている。テューリングの遺体はロンドン郊外のウォウキング火葬場で荼毘に付された。母は遺灰を敷地内に散布したのだろう。墓所はない。ヴィクトリア時代に制定された反同性愛法が撤廃されたのは二〇〇二年十一月十九日のことである。テューリングと同じく『白雪姫』に魅せられたゲーデルは毒殺を恐れるあまり餓死した。

現在のマンチェスター大学数学科は真新しいアラン・テューリング館にある。サックヴィル公園には椅子に腰掛けたテューリング像がある。地面に埋め込まれた銘板には「コンピューター科学の父、数学者、論理学者、戦時暗号解読者、偏見の犠牲者」とバートランド・ラッセルの言葉が刻まれている。エッセイ「数学の研究」から「正しく観れば、数学は真理をもっているばかりでなく、最高の美をもっている。――それは彫刻の美のように冷たい、厳しい美しさであって、われわれの弱い方の天性に訴える何ものもなく、絵画や音楽のもつ絢爛たる飾りもなくて、しかも気高く純粋で、最大の芸術のみが示しうる厳格な完成が可能である」(江森巳之助訳『神秘主義と論理』、みすず書房)の前半が引用されている。テューリングは右手にまだかじっていないリンゴをのせている。

地下電気

ファラデイ

Michael Faraday

エレファント・アンド・キャスル

漱石がフロドンロードにあったロンドンの三番目の下宿に引っ越したのは明治三十三年十二月下旬である。十二月二十六日付けで鏡子夫人に宛てて「今度の処は深川という様な何れも辺鄙な処に候」と書き送っている。そこからカンバーウェルロードを二キロほど北上するとエレファント・アンド・キャスルという変わった名の町に出る。漱石はここにあった古本屋で何度も本を買い求めた。

明治三十四年三月二日の日記には「Elephant & Castle ニ至ル、漸々春ノ気候トナル」と書いてある。四月六日には「Elephant & Castle デ古本ヲヒヤカシタガ金ガナイカラ一冊モ買ハナイデ帰ツタ」、十二日には「Elephant & Castle ニ至リ Cowper ノ 1789 出版ヲ買フ」、翌十三日には「雨ナリ再ビ Elephant & Castle ニ至リ Smith Bible Dictionary 其他ヲ買フ 1679 ノ Spenser ノ Works 此中ニアリ凡テ三十三円ナリ」と書いてある。二十五日にはさらに南にあるステラロードに引っ越した。その日に「聞シニ劣ルイヤナ処デイヤナ家ナリ永ク居ル気ニナラズ」と書いたが、六月三日に「Elephant & Castle ニ至リ Hazlitt ノ Handbook 其他古本 2 guinea 許ヲ買フ」という記述がある。七月二十日にはザ・チェイスにある最後の下宿に引っ越した。九月二日に「Elephant & Castle ニテ古本ヲ買フ」とあるが、それ以後のことは日記が残っていないのでわからない。

現代のエレファント・アンド・キャスルは猥雑な町だ。城を背中に乗せた象がシンボルになったショッピングセンターの前の路上には安物の衣料やカバンなどを売る屋台がひしめきあっている。「象と城」の下にある中華料理店に入ったが、客のほとんどは黒人で、思いっきり庶民的なところである。ぼくの落ち着ける場所だ。かつて母親に背負われた幼児をあやして「ぼくこわくない?」と訊いたことがある。母親がその子に言った。「こわくないよね。黒いだけだよね。」焼きそばを注文したが、日本の大盛りの二倍はある。食べすぎだよ。

エレファント・アンド・キャスルはスペイン語のインファンタ・デ・カスティーリャがなまったらしい。英王室ゆかりのカスティーリャ王女を意味しているのだ。十八世紀に鍛冶屋がエレファント・アンド・キャスルを名のるようになり、やがてパブの名から地名になったが、もとはニューイントンと呼ばれていた。漱石の時代にすでに電気で走る地下鉄があり、漱石は「地下電気」と呼んでいる。現在のノーザン線だ。地下電気の駅から出るとショッピングセンターの北と南に環状交差路がある。北の交差路はニューケントロードとニューイントンコーズウェイの交差点で、かつて

ファラデイ記念碑

エレファント・アンド・キャスル・パブがあった場所だ。交差路の真ん中には金属製の巨大な直方体の箱がある。地下鉄ノーザン線の変圧器と電源が内蔵されているが、実はファラデイ記念碑である。入口近くの二つの石のベンチにはそれぞれファラデイの名と生没年が刻んである。地面に埋め込まれた銘板には「このステインレスの彫刻は電気と磁気の研究によって知られる英国の化学者にして物理学者を記念している。彼はこのあたりに住んだ」と書かれている。

マイケル・ファラデイは一七九一年九月二十二日にニューイントンバッツで生まれた。南交差路に入ってくる道路だが生家は現存しない。漱石が訪れた古本屋もなくなった。シェイクスピアの時代には芝居小屋があった。『原ハムレット』やシェイクスピア自身の『じゃじゃ馬ならし』、『タイタス・アンドロニカス』が上演された。ファラデイの父ジェイムズは病弱な貧しい鍛冶職人で、一家でウェストモーランドの村から移住してきたばかりだった。母マーガレットは農家出身で、父母ともに非国教のサンデマン派信徒だった。いずれも祖父母の代にサンデマン派信徒になった。「マイケル」はサンデマン派のしきたりで母方の祖父の名に由来する。両親は毎日曜日にはセントポール寺院の近くの貧民街にあった礼拝所に出かけた。一七九六年に一家はジェイコブズ・ウェル・ミューズにあった馬車置き場の二階に引っ越した。袋小路に旧居は現存しない。ファラデイは一八〇四年にブランドフォード通りで製本業および書店を営むジョルジュ・リボーの使い走りに雇われた。ユグノー教徒リボーは亡命者

ジェイコブズ・ウェル・ミューズ

で進歩的な考えを持っていた。

「走って六十秒」の距離にあるリボーの店も現存しない。ついでにブランドフォード通りをまっすぐ西に歩いてみよう。ライヒェンバッハの滝から失踪していたホームズが、突然ワトソンの前に現れ、ベイカー通り旧居の向かいにある空き家に向かったとき、二人が歩いたのがブランドフォード通りだ。ベイカー通りを越えて大通りグロスタープレイスに突き当たる。「走って六十秒」だ。その通りに漱石が「コーチ」を受けていたクレイグの旧宅があった。明治三十三年十一月二十一日の日記に「Craig ヨリ返事来ル滅茶苦茶ノ字ヲカキテ読ミニクシ来リテ相談セヨトノ意味ナリ」、翌日に「Craig ニ会ス Shakespeare 学者ナリ一時間 5 Shilling ニテ約束ス面白キ爺ナリ」と書いてある。ウィリアム・ジェイムズ・クレイグはアイルランド人のシェイクスピア学者で、ウェイルズのアバリストウィス大学の職をなげうってシェイクスピアを校訂していた。漱石は『永日小品』の中でエッセイ「クレイグ先生」を書いている。

「クレイグ先生は燕の様に四階の上に巣をくつてゐる。……先生、シユミツドの沙翁字彙がある上にまだそんなものを作るんですかと聞いた事がある。すると先生はさも軽蔑を禁じ得ざる様な様子で是れを見給へと云ひながら、自己所有のシユミツドを出して見せた。見ると、さすがのシユミツドが前後二巻一頁として完膚なき迄真黒になつてゐる。自分はへえと云つたなり驚いてシユミツドを眺めてゐた。先生は頗る得意である。君、もしシユミツドと同程度のものを拵へる位な

リボー書店跡

クレイグ旧居跡

ら僕は何もこんなに骨を折りはしないさと云つて、又二本の指を揃へて真黒なシユミツドをぴしやぴしや敲き始めた。」

クレイグ旧居跡にカメラを向けたが車の洪水でなかなか写真を撮ることができない。あきらめかけたら一台の車が突然止まって車列に隙間をつくってくれた。勇気がいる行為だと思うが、こういう粋な人がいるのである。並びに『月長石』のコリンズ旧居もある。

ファラデイは一八〇五年十月七日にリボーの店で徒弟になった。製本する本の内容に興味を掻き立てられ本の虫になった。親方もファラデイを応援した。一八〇九年の終わりに一家は「走って二分」の距離にあるウェイマス通りに引っ越した。ぼくも走ってみたが旧居は現存しない。一八一〇年に父が亡くなり親方が父親がわりになった。親方のすすめで一八一〇―一一年にドーセット通りの銀細工職人ジョン・テイタムの物理講義を聴いた。兄ロバートが一シリングの聴講料を払ってくれた。リボー書店の客で建築家ジョージ・ダンスはファラデイの講義記録を見て王立研究所の聴講券をくれた。こうしてファラデイは一八一二年にハンフリー・デイヴィーの最終講義四回を聴くことができた。徒弟奉公を終えたファラデイは十月七日に亡命者アンリ・ド・ラ・ロシュの職人になったが幸福ではなかった。「ぼくの仕事は科学しかない。」ファラデイは王立協会会長ジョウゼフ・バンクスに仕事を求める手紙を書いたが待ち続けて得た会長事務室からの返事は「あなたの手紙に返事は必要ありません」というものだった。ファラデイはきっと泣き崩れたに違いない。

王立研究所

ダンスはファラデイがつくったデイヴィーの講義記録をデイヴィーに送るようにすすめた。ファラデイは一八一三年三月一日王立研究所助手に採用され所内に住むようになった。

漱石は明治三十四年五月六日に王立研究所を訪れている。その日の日記に「池田菊苗氏ト Royal Institute ニ至ル」と書いた。正しくは Royal Institution だ。池田はこの日から二か月間漱石の下宿に同居し王立研究所に通った。ラムフォードが民間の資金を募って一七九九年に創設した王立研究所はアルブマール通りにある。デイヴィーは一八〇一年に助手として雇われたが翌年には化学教授になりその公開講演は紳士淑女を引きつけた。労働者の教育と貧民の救済というラムフォードの設立趣旨は忘れられた。デイヴィーは一八一二年四月十一日にナイトに叙せられ三日後裕福な未亡人ジェイン・アプリースと結婚した。ファラデイは一八一三年十月十三日デイヴィー夫妻の助手兼従者として一年半にわたる旅行に出た。デイヴィー夫人は階級的偏見が強く、身分を思い知らせずには我慢できないのでファラデイは製本職人に戻りたいと思ったほどだ。ジュネーヴでシャルル・ド・ラ・リーヴの会食に招待されたときデイヴィー夫人はファラデイに召使いと食事するよう命じた。彼女はファラデイをいじめた俗物として永遠に語り継がれて罰を受けるわけだ。

ファラデイは一八二一年六月十二日にセーラ・バーナードと結婚した。セーラはサンデマン派信徒、銀細工職人エドワード・バーナードとメアリーの娘でセーラ自身も二年前から正信徒だった。セーラの家も祖父の代からの信者だった。ファラデイは七月十五日に正信徒になった。一八二四年一月八日に王立協会会員に選ばれた。反対票を投じたのは王立協会会長デイヴィーただ一人。だがファラデイは翌年二月七日にデイヴィーの推薦で王立研究所実験室主任になった。ファラデイが電磁誘導を発見したのは一八三一年八月二十九日で、もうすぐ四十歳になる頃である。ファラデイは失敗を重ねていたが、ヘンリーが強力な電磁石をつくったことがきっかけになった。鉄の輪に絶縁した二本の導線を巻き付け、一方の導線を電池につないだ瞬間、もう一方の導線の近くに置いた磁針が動いた。電池をはずした瞬間には磁針が逆向きに動いた。「コイルBをリングから三フィート離れた検流計に銅線でつないだ。コイルAは端と端をつないで一つのコイルにし、両端を十対の四インチ平方平板からなる電池につないだ。検流計はただちに反応した……だが接続したままでは効果は続かなかった。というのも指針は、まるで接続した電磁的装置とは無関係に、すぐにその普通の位置で停止したからだ。電池との接続をやめると指針は強く振れたが最初の場合とは逆方向だった。」磁石

マイケル・ファラデイ

を用いた実験は十月十七日である。「直径四分の三インチ、長さ八インチ半の円柱形棒磁石の一端を円筒コイルの端にわずかに差し込んでおき、全体をすばやく差し込むと検流計の針が動いた。引き抜くと再び針は動いたが向きは逆だった。この効果は磁石を出し入れするたびにくり返され、電気の波がつくられた。」十一月二十四日に王立協会で発表した「電気の実験的研究」はその後二十三年間続く大論文になる。驚くべきことに、各段落に通し番号をつけて発表した。最後の番号は三三六二。他の論文とともに収録された単行本三巻の中で「実験的研究」は一一一四頁に及ぶ。

翌年一月十二日ファラデイは、テムズ河にかかるウォータールー橋に導線を張って、地球磁場のもとでテムズ河の水流が誘導する電流を検出しようとしたが成功しなかった。その日ファラデイは、王立協会で地球磁場による誘導電流について「ベイカー講義」を行うはずだったが、友人に原稿の代読を頼み、ウォータールー橋で実験していた。王立協会は当時サマーセットハウスにあった。テラスからファラデイの様子が見え

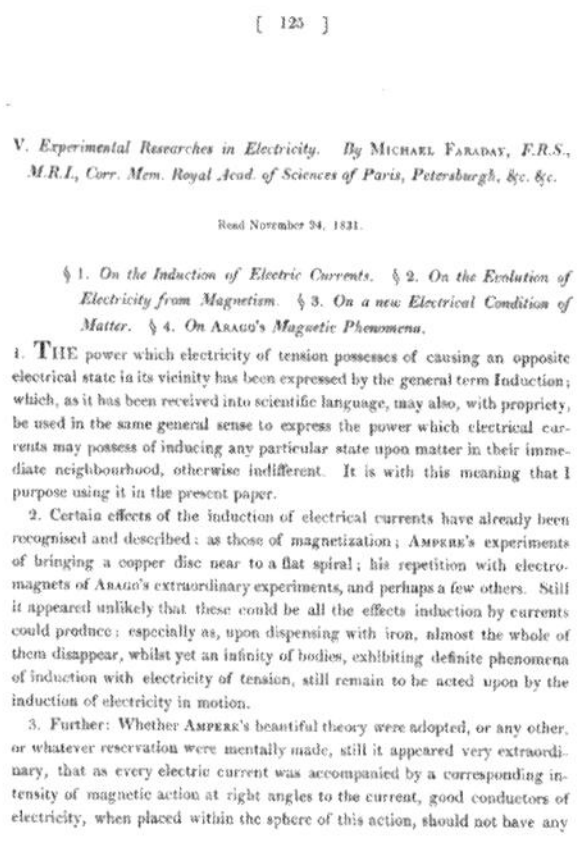

[125]

V. *Experimental Researches in Electricity.* By MICHAEL FARADAY, *F.R.S., M.R.I., Corr. Mem. Royal Acad. of Sciences of Paris, Petersburgh, &c. &c.*

Read November 24, 1831.

§ 1. *On the Induction of Electric Currents.* § 2. *On the Evolution of Electricity from Magnetism.* § 3. *On a new Electrical Condition of Matter.* § 4. *On* ARAGO's *Magnetic Phenomena.*

1. THE power which electricity of tension possesses of causing an opposite electrical state in its vicinity has been expressed by the general term Induction; which, as it has been received into scientific language, may also, with propriety, be used in the same general sense to express the power which electrical currents may possess of inducing any particular state upon matter in their immediate neighbourhood, otherwise indifferent. It is with this meaning that I purpose using it in the present paper.

2. Certain effects of the induction of electrical currents have already been recognised and described: as those of magnetization; AMPÈRE's experiments of bringing a copper disc near to a flat spiral; his repetition with electro-magnets of ARAGO's extraordinary experiments, and perhaps a few others. Still it appeared unlikely that these could be all the effects induction by currents could produce; especially as, upon dispensing with iron, almost the whole of them disappear, whilst yet an infinity of bodies, exhibiting definite phenomena of induction with electricity of tension, still remain to be acted upon by the induction of electricity in motion.

3. Further: Whether AMPÈRE's beautiful theory were adopted, or any other, or whatever reservation were mentally made, still it appeared very extraordinary, that as every electric current was accompanied by a corresponding intensity of magnetic action at right angles to the current, good conductors of electricity, when placed within the sphere of this action, should not have any

「電気の実験的研究」

サマーセットハウス

ファラデイ銅像

たに違いない。橋のたもとの電気技術者協会の前にファラデイの銅像が立っている。

ファラデイは一八三三年に実業家ジョン・フラーの寄付によって創設された教授職に就任した。一八四〇年に健康を害し四年間実験室から遠ざかった。記憶力の減退に苦しみながらも一八四五年には反磁性とファラデイ効果を発見している。これ以後は理論的な研究が多くなった。ファラデイの友人チャールズ・ホイートストンは電流の速度を測定し、光速度に近い値を得た。ホイートストンは一八四六年四月十日の金曜講演でこの重要な発見について講演する予定だった。だが内気で話の下手なホイートストンは講演会場に近づくとパニック状態になり階段を駆け下りて逃げてしまった。ホイートストンにかわってその結果を説明したファラデイは、光が電気力線の振動であるという仮説をつけ加えた。四月十五日に『哲学雑誌』に発表した論文には、ホイートストンの実験によって電気の速度が光速度とほぼ同じであることがその仮説の一つの動機になったと述べ、「私が大胆にも提案する見方は、粒子および質量をともに結びつけることが知られている力線の高度の振動として輻射をとらえることです」と言っている。数学の素養がないファラデイはそれ以上に進めなかったが、マクスウェルは一八六一年に光の電磁波説に到達したときさっそく手紙でファラデイに報告した。一八六五年の論文では「横向きの磁気変動伝搬の考え方はファラデイ教授が「線の振動に関する考察」において明瞭に述べている。彼が提案した光の電磁理論は、一八四六年には伝搬速度を計算する情報がなかったことを除いては、この論文で私が展開し始めたものと内容において同じである」と言っているが、マクスウェルも極端に謙虚な人だった。

ファラデイの生涯はサンデマン派の信仰を抜きにしては考えられない。一八三二年に輔祭、一八四〇年に長老に選ばれている（一八四四年に除名されすぐ復帰したが長老に再選されたのは一八六〇年）。スコットランドのジョン・グラスが始めた宗派で、グラスの娘婿ロバート・サンデマンが広めたので、スコットランドではグラス派、それ以外ではサンデマン派と呼ばれているが、当時でもロンドンに百人程度の信徒しかいなかった。現在この宗派は存在しない。イエスの言葉「わたしの国はこの世のものではない」を根拠として、国教会や長老派の国家宗教や組織宗教を否定し、聖書を字義通りに受け取り、聖書だけを信仰のよりどころにした。ファラデイが学派をつくらず弟子を一人も持たなかったのは布教しないサンデマン派の原理によっている。王立協会、王立研究所のいずれの会長就任も断った。蓄財せず、特許を取らず、ナイトの爵位も拒否した。ウェストミンスター寺院にはニュートンの墓所の横にファラデイの銘板が並んでいるが、ファラデイの意に反している。一モルの物質を電気分解する電気量が一定であるというファラデイの法則は、電荷にはそれ以上分割できない最小単位がある証拠である。だがファラデイは原子の存在を承認しなかった。それは空虚を認めない聖書に由来する。ファラデイは空虚を力線で埋めつくした。そこから「場」という概念が生まれた。マクスウェルは『電気磁気論考』の序文で、「ファラデイは、数学者が遠隔力しか見ない全空間を横切る力線をその心眼で見た。彼らが距離しか見ない場所に媒質を見た」と言っている。

ファラデイの最後の実験は一八六二年三月十二日に行われた。それから三十五年後にゼーマンはファラデイの実験をくり返して磁場中でスペクトル線が分離するゼーマン効果を発見した。ゼーマンはその論文でマクスウェルが書いたファラデイ小伝を引用している。「……彼〔ファラデイ〕は一八六二年に磁気と光の関係を彼の最後の実験的研究の課題にした。強力な磁石

ハンプトンコートロード（左頁）

を炎に作用させて炎のスペクトル線になんらかの変化を検出しようと努力したが無駄であった。」

ファラデイは、一八五八年に、テムズ河畔のハンプトンコートに家を貸与され、一八六七年八月二十六日にそこで亡くなった。ファラデイが生まれたエレファント・アンド・キャスルとハイゲイト墓地があるアーチウェイは地下電気ノーザン線によって直通で結ばれている。アーチウェイ駅で降りて坂道ハイゲイトヒルを上り、さらにスエインズレインを下ると道の右が旧墓地、左がマルクスの墓所がある新墓地になっている。ファラデイの墓は、旧墓地の坂を上った壁際の非国教派の区域にあるが、雑草が伸び放題で、手入れされていなかった。漱石が生まれたのはファラデイが亡くなった年の二月九日である。ハイゲイト墓地の西は漱石がロンドンでもっとも気に入った広大なハムステッドヒースで、漱石の二番目の下宿はウェストハムステッドにあった。クレイグに初めて会った翌日の日記に「Hampstead Heath ヲ見ル愉快ナリ」と書き残した。

ファラデイハウス

ファラデイ墓碑

アレス・グーテ!

ボン駅からトラム六十一番か六十二番で南に向かうとハウスドルフ通りに出る。その通りにハウスドルフが亡くなった家があるはずだ。その番号の家に行ってみたが、銘板もなく、確かめることができない。その家の主婦が乳母車に子供を乗せてちょうど帰ってきたので「これがハウスドルフの家ですか」と訊いてみた。「確かにそうですよ」という返事だ。さらに、「ですが、銘板かなにかないんですか」と念押しだ。われながら、注意深く慎重な物理学徒らしい態度だ。「あなたが踏んづけているのがそうですよ。」あわてて足下を見ると石畳に埋め込まれた三つの真鍮製銘板を踏みつけていた。フェリクス・ハウスドルフ、妻シャルロッテ・ハウスドルフ、妻の妹エーディト・パペンハイムの銘板のいずれにも「一九四二年一月二十六日自殺」と刻まれている。

ハウスドルフはボン大学数学教授でユダヤ人だった。ヒトラーが政権を掌握した一九三三年一月三十日の後もハウスドルフは教授職にとどまった。四月七日に制定されたユダヤ人を公務員から排除するナチ公務員法も、一九一四年以前から公職にあったユダヤ人には適用されなかった。また、熱狂的なナチ学生の町になったゲッティンゲンと比較するとボ

ンは比較的穏やかで、ボン大学はハウスドルフに対して非道なことをしなかった。だが一九三五年に六十五歳定年制が施行されたのでハウスドルフは三月に退職した。ハウスドルフは迫りくるナチの圧迫に耐えかねて、一九三九年に研究員の可能性をクーラントに問い合わせた。クーラントはハウスドルフと同じ条件なのにゲッティンゲンから追い出されニューヨーク大学に職を得ていた。だがハウスドルフの職は見つからなかった。ハウスドルフたち三人は胸にユダヤ人の印、黄色い星を付けることを強要され、姓もイスラエルに変えられた。強制収容所に連行される危機は迫っていた。一九四二年一月二十五日夜三人は服毒し、ハウスドルフ夫妻は翌朝亡くなった。エーディトは昏睡状態になり二十九日に亡くなった。ハウスドルフ七十三歳、シャルロッテ六十八歳、エーディト五十八歳だった。三人の墓はボン南郊ポペルスドルフの緑深い墓地にある。

　ボンの南にあるボン大学数学教室の玄関を入るとハウスドルフとテプリッツの銘板が壁に取り付けてある。オットー・テプリッツもボン大学数学教授だったが、一九三五年に強制的に退職させられた。九月十五日にユダヤ人を公職から追放するニュルンベルク法が制定されたからだ。一九三九年にパレスティナに亡命し翌年病気で亡くなった。ハウスドルフの銘板の最後には「私たちは彼を含む虐政のすべての犠牲者に敬意を表する。専制政治と戦争が二度とないように！」と刻まれている。

　ハウスドルフの名は「ベイカー-キャンベル-ハウスドルフの公式」で物理学徒になじみ深い。二つの非可換な量の指数関数の積を指数関数で表す公式で、量子力学を勉強すると必ず出会う。一九〇六年に発表されたハウスドルフの論文「群論における記号的指数公式」に書かれている。ハウスドルフは父の反対で作曲家になることをあきらめ、物理の論文で学位と教授資格を得た。その後も詩集や文学書を出版している。「ハウスドルフの公式」を発表したのは数学者になろうとしてから間もない頃で三十七歳になっていた。便利な公式として誰もが知っていても、ハウスドルフの苛酷な運命に思いを馳せる学生はあまりいないことだろう。勉強の合間に、公式の裏から聞こえてくる悲痛な叫びに耳を傾けてはどうだろう。

マッカラー、ヘンリー、テューリング、ファラデイの四編は雑誌『ＵＰ』に連載したエッセイを増補したもの、ボーム、ハイゼンベルク、ハミルトン、コンドルセー、ケプラーの五編は未発表のエッセイである。ヘヴィサイド、フィツジェラルド、マクスウェル、ケルヴィン、ネーター、ディーゼル、ランジュヴァンの七編は雑誌『パリティ』に連載したエッセイに基づいているが大幅に書き直した。

それでは物理の旅でまたお目にかかりましょう。ごきげんよう。アレス・グーテ!

著者略歴
1967年　東京大学理学部物理学科卒業.
1972年　東京大学大学院理学系研究科物理学専攻修了. 理学博士.
1980-2年　マサチューセッツ工科大学理論物理学センター研究員.
1982-3年　アムステルダム自由大学客員教授.
1990-1年　エルランゲン大学客員教授.
現　在　東京大学名誉教授.

主要著書
『電磁気学Ⅰ』,『電磁気学Ⅱ』(丸善, 2000)
[改訂版:『電磁気学の基礎Ⅰ』,『電磁気学の基礎Ⅱ』(シュプリンガー・ジャパン, 2007)]
『マクスウェル理論の基礎』(東京大学出版会, 2002)
『マクスウェルの渦　アインシュタインの時計』(東京大学出版会, 2005)
『アインシュタイン　レクチャーズ@駒場』(共編, 東京大学出版会, 2007)
『哲学者たり、理学者たり』(東京大学出版会, 2007)

「いざさらば　まるめし雪と身を成して　浮き世の中を転げあるかん」
(蜀山人)

ほかほかのパン　物理学者のいた街2

2008年10月1日　初　版

[検印廃止]

著　者　太田《おおた》　浩一《こういち》
発行所　財団法人　東京大学出版会
代表者　岡本　和夫
113-8654 東京都文京区本郷7-3-1 東大構内
http://www.utp.or.jp/
電話 03-3811-8814　Fax 03-3812-6958
振替 00160-6-59964

印刷所　三美印刷株式会社
製本所　牧製本印刷株式会社

ISBN 978-4-13-063603-2　Printed in Japan

物理学者のいた街

哲学者たり、理学者たり

太田浩一著

46判・248頁・2625円（本体2500円）

詩人にして剣豪のシラノ、波動力学を創造したシュレーディンガー、
そしてたくさんの物理学者たち。
時空を超えて、彼らが生きていた街に訪ねてみよう。

【第1巻の主人公たち】

ボウディチ
グリーン
ノイマン
ゲーリケ
シュレーディンガー
ラムフォード
ド・ブロイ
デュ・シャトレー

アンペール
カルノー
シラノとガサンディー
キャヴェンディシュ
フラウンホーファー
フレネール
デーブリーン
キュリー